中国水产学会　主编

专家图说水产养殖关键技术丛书

南美白对虾高效养成新技术与实例

（修订版）

李　生　朱旺明　周　萌　编著

海洋出版社

2018 年·北京

图书在版编目（CIP）数据

南美白对虾高效养成新技术与实例／李生，朱旺明，周萌编著．—修订本．
—北京：海洋出版社，2018.7（2020.5 重印）
ISBN 978-7-5210-0154-9

Ⅰ．①南…　Ⅱ．①李…　②朱…　③周…　Ⅲ．①虾类养殖　Ⅳ．①S968.22-64

中国版本图书馆 CIP 数据核字（2018）第 164623 号

责任编辑：杨　明
责任印制：赵麟苏

海洋出版社　出版发行

http://www.oceanpress.com.cn
北京市海淀区大慧寺路 8 号　邮编：100081
北京新华印刷有限公司印刷　新华书店发行所经销
2018 年 8 月第 1 版　2020 年 5 月第 2 次印刷
开本：787 mm×1092 mm　1/16　印张：12.25
字数：168 千字　定价：40.00 元
发行部：62132549　邮购部：68038093　总编室：62114335
海洋版图书印、装错误可随时退换

水产养殖系列丛书编委会

总　序

　　渔业是我国大农业的重要组成部分。我国的水产养殖自改革开放至今获得空前发展，已经成为世界第一养殖大国和大农业经济发展中的重要增长点。进入 21 世纪以来，我国的水产养殖仍然保持着强劲的发展态势，为繁荣农村经济、扩大就业人口、提高人民生活质量和解决"三农"问题做出了突出贡献，同时也为我国海、淡水渔业资源的可持续利用和保障"粮食安全"发挥了重要作用。

　　近年来，我国水产养殖科研成果卓著，理论与技术水平同步提高，对水产养殖技术进步和产业发展提供了有力支撑。但是，在水产养殖业迅速发展的同时，也带来了诸如病害流行、种质退化、水域污染和养殖效益下降、产品质量安全令人堪忧等一系列新问题，加之国际水产品贸易市场不断传来技术壁垒的冲击，而使我国水产养殖业的持续发展面临空前挑战。

　　科学技术是第一生产力。为了推动产业发展、渔农民增收致富，就必须普及推广新的科技成果，引进、消化、吸收国外先进技术经验，以利于产前、产中、产后科技水平的不断提升。农业科技图书的出版承载着普及农业科技知识、促进成果转化为生产力的社会责任。它是渔农民的良师益友，既可指导养殖业者解决生产中的实际问题，也可为广大消费者提供健康养殖的基础知识，以利于加强生产者与消费者之间的沟通与理解。为此，中国水产学会和海洋出版社联合组织了国内本领域的知名专家和具有丰富实践经验的生产一线技术人员编写这套水产养殖系列丛书，供广大专业读者参考。

本系列丛书有两大特点：其一，是具有明显的时代感。针对广大养殖业者的需求，解决当前生产中出现的难题，介绍前景看好的养殖新品种和现有主导品种的健康养殖新技术，以利于提升整个产业水平；其二，是具有前瞻性。着力向业界人士宣传以科学发展观为指导，提高"质量安全"和"加快经济增长方式转变"的新理念、新技术和新模式，推进工业化、标准化生产管理，同时为配合现代农业建设的大方向，普及陆基封闭式循环水养殖、海基设施渔业、人工渔礁、放牧式养殖等模式，全力推进我国现代化养殖渔业的建设。

本系列丛书包括介绍主养品种、新品种的生物学和生态学特点、人工繁殖、苗种培育、养殖管理、营养与饲料、水质调控、病害防治、养殖系统工程以及加工运输等方面的内容。出版社力求把握丛书的科学性、实用性和可操作性，本着让渔农民业者"看得懂、用得上、留得住"的出版宗旨，采用图文并茂的形式，文句深入浅出，通俗易懂，有些技术工艺还增加了操作实例，以便业界朋友轻松阅读和理解。

水产养殖系列丛书的出版是水产养殖业者的福音，我们希望它能够成为广大业者的知心朋友和科技致富的好帮手。

谨此衷心祝贺水产养殖系列丛书隆重出版。

中国工程院院士

中国水产科学研究院黄海水产研究所研究员

2008 年 10 月

前　言

　　十九大以后我国已进入新时代，新时代最重要特征之一，是全面建成小康社会，人们生活水平不断提高。据报道，目前我国对虾产量为 140 万吨，每年缺口 50 万 ~70 万吨。我国虾类产品总体供大于求，而对虾则是供不应求。笔者 2017 年养殖的对虾，价格大幅上升，其原因之一是虾产量迅速下降，而虾产量减少的原因之一就是近年虾病严重，许多地区虾农有 80% 以上亏本，而且连续多年，许多虾农已无力再继续养虾而转行，更多是停产、转产，塘租下降，虾塘荒废。目前，我国对虾养殖处于一个非常时期，也有人认为到了崩溃边缘。

　　如此严峻的形势，既是挑战，又是机遇。对虾养殖历来是我国海水养殖的支柱产业，也是我国水产养殖业中最其代表性产业之一，也是最成功产业之一。我国对虾养殖业已有三十多年历史，之所以继续发展，其原因之一是对虾养殖是高投入、高风险、高效益产业，它可以在很短时间内致富，也可以在短时间内破产，其重要原因就是对虾养殖过程中很容易发病，而一旦发病又无法治好，导致损失惨重。

　　虾病是我国对虾养殖业面临的主要困扰，也是我国对虾养殖业能否继续发展的症结所在之一。究其原因，关键是养殖技术。在我国在同一地区、同样自然条件下，有些养殖户连年成功，而更多养殖户却连年失败。

　　笔者从事对虾养殖业已有三十多年历史，其中有十多年时间亲自在虾塘养殖，近四年来仍在虾塘养虾，目睹养虾近况，也接触到许多

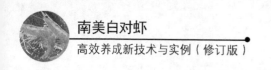

虾农，发现许多新情况，其中最根本的还是养殖技术上的问题。

对虾养殖是个大产业，前途光明，要改变面貌，根本出路是在提高对虾养殖技术。

笔者应海洋出版社之邀，于2003年出版了《对虾健康养成实用技术》一书，深受读者欢迎。近十年笔者应邀到天津、江苏、浙江、上海、广东、广西和海南等地讲授对虾养殖技术课程，深受虾农欢迎，更有虾农反映，一辈子也没听过这么精彩的对虾养殖技术课。2011年在海南讲课后，有一位听了我讲课的虾农对我说，他买了我2003年出版的书，建议把新内容、新方法，补充到原来那本书上再出版。随后，我把该建议用邮件方式寄出，海洋出版社领导高度重视，当即回复同意，就这样于2014年4月海洋出版社出版发行了我的《南美白对虾高效养成新技术》一书。

该书出版发行后，受读者欢迎程度远远出乎我的预料，没有想到效果这么显著。例如，一位浙江籍姓陈的读者，发给我的短信中这样写道：2013年7月他在新华书店无意中买到该书，回到家后当时没当一回事，书放在家里，便带小孩到江苏旅游了。而他妻子回家后看到这本书，对陈先生说，这本书介绍的养殖技术可靠，操作性强。后来陈先生在广西东兴开发的150亩土塘中养殖对虾，第一次养殖便取得成功，而周围老养殖户的养殖反而都失败了。在120天的养殖中，纯利润75万元。而后他来广州探访我并在广州进行三天的交流与学习。便有更多的读者来信、短信、微信和电话咨询。

本书于2013年4月出第一版，由于销路好，已于2016年4月再印，仍供不应求。近来有网友给我来电，该书在网上也购不到，我把这情况向海洋出版社领导反映，他们高度重视，在极短时间内作出答复，并决定本书出修订版。

本修订本保留了原来内容，在第十九节后，增加了养虾失败原因和改进措施一节，针对性指出目前我国南美白对虾养殖存在的错误观点和方法，提出改进措施，同时给出相关建议。

本书与其他同类书是有区别的，最大特点是作者以在虾塘养虾的技术积累，并结合近年来国内外最新对虾养殖理论和技术写成。

本书共分四章，以讲座形式，按养殖过程的顺序详述操作方法，具体易学，力争让读者树立养虾有前途，能致富的信心，使读者看得懂，记得住，用得上。

由于笔者水平有限，书中难免有不足和错误之处，敬请广大读者批评指正。

编者注

2018 年 1 月

目　次

第一章
南美白对虾的主要生物学特征

南美白对虾（*Penaeus vannamei* Boone），又称万氏对虾、凡纳滨对虾。在分类学上隶属于节肢动物门（Arthropoda）、甲壳纲（Crustacea）、十足目（Decapoda）、对虾科（Penaeidae）、对虾属（*Penaeus*）。主要分布在美洲太平洋沿岸，是厄瓜多尔等美洲国家的主要养殖品种，也是世界三大主要对虾养殖品种之一。2007年全球对虾养殖产量为340.0万吨，我国2007年对虾养殖产量达126.0万吨，为历史最高水平，南美白对虾占71%，达89.5万吨。其优点是：繁殖周期长，在广东可全年进行繁殖；生长速度快，正常养殖60～80天可上市；适应性强，在咸淡水水域均可养殖；抗病力强，离水存活时间长，可活虾运输；肉质鲜美，出肉率高，可达65%以上，最大体长达23厘米。

一、形态特征

全身近白色，透明。额角短，不超出第一触角柄的第二节。第二触角内外鞭等长，皆短而小。在正常情况下，犬触须青灰色。步足常呈白垩色。头胸甲短，与腹节之比约为1∶3。雌性不具纳精囊。额角上缘具有8～9齿，下缘具有2齿。

二、生活习性

最适生长水温为 23~32℃，生存水温为 9~47℃，15℃停止摄食，8℃开始死亡。最适生长盐度为 10~25；生存盐度为 0~40。杂食偏肉食性，饲料喂养均使用颗粒饲料，对饲料蛋白质要求不高，在 20%~35%均可。

第二章
南美白对虾养殖池塘的选址与建造

第一节　虾池的选址

虾池选址是对虾养殖过程中的重大决策。它关系到养虾的成败、经济效益的高低和可持续发展。虾池选址应因地制宜，以科学的精神和方法，认真做好论证工作。虾池的选址，必须具备如下条件：

一、社会治安好

社会治安是发展经济的重要条件，也是发展对虾养殖业的基本保证。例如，在我国某些地区，由于治安不好，曾发生过养成的对虾被当地不法分子抢走、偷走的事件，致使对虾养殖中断，给投资者带来巨大经济损失。因此，治安条件不好的地区，不宜投资养殖对虾。

二、自然环境条件好

自然环境对养殖对虾有重大影响，在条件允许的情况下，尽可能选择投资少、效益高的地区养殖对虾。例如，南美白对虾可以在沿海、咸淡水和纯淡水地区养殖。如果有选择余地，以咸淡水为最好。因为在相同的自然条件下，这些地区的对虾生长最快，且不用买海水或代用品，或打咸水井供应养

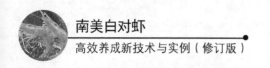

殖用水。此外，必须选择没有污染或少污染的地区。

三、电力供应方便

养殖对虾需要生产用电和生活用电，必须有充足电力供应虾塘。

四、交通方便

养殖对虾的物资供应、虾苗运输、虾的销售等都必须通过交通工具实施，虾池的选址必须选择交通方便的地方。

第二节　池塘的建造

一、海水养殖池的建造

海水养殖对虾池塘是指主要利用潮汐的涨退规律和特点，以纳潮方式进、排水进行养殖的池塘。这种池塘通常面积较大，依靠潮水涨退进行进、排水可节约提水成本。池塘底质以砂质为最好，其次是沙泥底质，当然全是泥底也可以建造，但效果比不上前者。

建造虾塘时，应首先掌握好当地最高潮时和最低潮时的位置，两者相差的深度就是池塘的深度。例如，最高潮是 2.0 米，最低潮是 0.6 米，则水深为 1.4 米左右为宜。这样的虾塘在潮水最大时，可进水 1.4 米，而且在潮水最低时，能把池水排光，方便晒塘和清淤等。

虾塘的建造，应把进水闸和排水闸分开并相对，这有利于换水。进水闸门应建三道槽，分别安装杂物网、闸板和进水网。排水闸门应建四道槽，分别安装排水网、闸板、控制水位闸板和备用闸。槽沟深为 3~4 厘米，厚度为 3 厘米左右。建造的水闸应用水泥、钢筋铸成，用砖砌的水闸容易被风浪破坏，易漏水。池塘面积应根据实际情况控制。

二、淡水养殖池塘的建造

继 20 世纪 80 年代后期引进南美白对虾养殖取得成功以来，经过不断地探索和实践淡化技术，南美白对虾也能在纯淡水地区养殖，而且面积不断扩大，经济效益也很好。

淡水池塘基本上有两种建造方法：一是在近沿海地区，有潮汐的涨退现象，但完全没有咸水，这种池塘往往只建造一个闸门。进水、出水都用一个闸门；二是不建闸，直接从河汊抽水入塘，或建水沟，通过水沟入塘。在广东珠江三角洲地区，有些虾农在两个塘之间建一个闸门。这有利于一边标粗虾苗，一边养殖，提高经济效益。例如，在生产的旺季，有的虾塘已经空置，而相邻虾塘却正在养虾。在这种情况下，利用空置虾塘进行标粗，待相邻虾塘卖完虾，并做好对虾养殖的准备工作，可以进行养殖时，只要把两个虾塘之间的闸板拉起，标粗虾苗的虾塘的幼虾，通过闸门便可进入邻近虾塘。这样做，可以节省虾苗过塘时捕捞的时间，更重要的是，避免虾苗在捕捞过程中可能损伤的损失，提高虾苗成活率和养殖效益。

三、高位池的建造

高位池养殖南美白对虾具有经济效益高、发病少、易排污等优点，在我国许多地区可因地制宜建设高位池。笔者在 2003 年到广东省惠东县看到的高位池，水深达 2.5 米，亩[①]产 1 650 千克，亩纯利润达 35 000 元；笔者也见过高位池亩单造纯利润达 60 000 元的报道。

高位池与土池的区别在于：①地势高，即使在最高潮，池塘水也能自动

---

① 亩为我国非法定计量单位，1 亩≈667 平方米，1 公顷=15 亩，以下同。

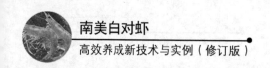
排灌；②池身和池底坚硬，排污和清洗方便，池边用水泥或用砖砌成，池底用水泥沙抹光滑，方便冲洗，有的地方用地膜覆盖全池，地膜有专门的生产厂家供应，并负责铺设服务；③池底似锅形，中央设排污孔，并与排污管连接，以便随时把污物排走。

第三章
南美白对虾的养殖模式

第一节　海水养殖模式

海水养殖模式是利用天然海水，包括咸淡水进行养殖的模式。这种模式全过程不用通过人为添加海水或海水晶等调节盐度。

该模式养殖面积大小不等，通常每个池塘 10 亩左右，水深为 1.5~2.0 米，配有相对完备的进、排水系统和一定数量的增氧机，一般每 3 亩左右配一台增氧机。增氧机有水车式、叶轮式和潜水式，有的也有管道式。通常每亩放苗 5 万~10 万尾。单茬亩产量为 400~700 千克。

第二节　淡水养殖模式

南美白对虾自 1988 年引进并取得养殖成功后，先在有盐度的沿海地区养殖。随后经过探索和实践，采用淡化技术后，在纯淡水地区，甚至是内陆地区也能进行养殖，经济效益也不错，而且发展前景非常广阔。

淡水养殖模式有如下特点：

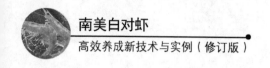
一、调节盐度

当地没有咸水，盐度是通过人为添加海水晶、咸水、海盐等，例如，在离海不远的地区，通过打井取得咸水调节盐度。

二、虾苗淡化

这种虾苗淡化与虾苗场卖虾苗时的淡化不同。虾苗场的淡化，是根据养殖池塘的盐度进行淡化。买回来后，可以直接放入养殖池进行养殖。而淡水养殖模式的虾苗淡化，是指虾苗场的虾苗运回来以后，先放在一个特定的标粗池内进行第二次淡化。其淡化过程如下。

到养殖季节，在池塘一角设计一个所需要面积的小池，在池内挖沟，埋下塑料薄膜或塑料彩条布，高度比池塘的最高水位高 20 厘米，然后毒塘，毒塘后进水，水位达到养殖时的最大高度。拉起塑料薄膜或塑料彩条布，并用竹竿固定好，建成标粗池。为了方便做好淡化工作，在塑料薄膜或塑料彩条布开一个小孔，大小以 4 平方厘米为宜。小孔用 40 目网纱缝上，防止虾苗外逃，但让水可以流出。标粗池面积为池塘面积的 1/30 ~ 1/10 不等。标粗池建好后，买海水或卤水等加进标粗池，以调节标粗池内盐度。池水的相对密度通常为 1.002 ~ 1.006，有的地区调为 1.001。从养殖效果来看，相对密度为 1.003 较好，这既有利于淡化，又可以节约购买海水的成本。

标粗池建好后，及时安装好增氧机、气管和气石。此时养殖池做好肥水工作，即可以投放虾苗。

放虾苗后 2 ~ 3 天即可以开始淡化。淡化过程如下：用小型水泵抽养殖池内的水进标粗池，抽水的速度要慢，以标粗池内水的盐度变化每日不超过 5 为宜，通常 5 ~ 10 天内完成淡化工作。有些地区不用水泵，而是用压低塑料薄膜或开孔的方法，不过这些方法不易掌握。当标粗池的盐度与养殖池的盐度相同或接近时，就可以拆除塑料薄膜，拆塑料薄膜时应逐渐拉开。

第三节　工厂化养殖模式

工厂化养殖对虾最早出现在日本。我国广西壮族自治区在2000年曾进行工厂化养殖试验。据报道，在广西壮族自治区北海市，用2 000平方米水泥池进行试验，折算为每亩投放南美白对虾虾苗27万尾，养殖110天，平均每亩利润34 785元。随后在其他地区也进行试验，取得了成功。但工厂化养殖设备条件要求较高，投入也高，应先试验再进行。

第四节　地膜养殖模式

铺地膜养殖南美白对虾主要有两种情况：一是有些高位池池底为泥或沙底，为了使养殖水体与底泥沙分离，便采用铺地膜技术；二是普通的土池，特别是靠近大海的土池，底泥很厚，根本无法清除。这种土池铺地膜，可以把养殖水体与底泥隔离开，避免底泥污染水质。这种模式，广东省雷州市最早采用，也取得了良好的经济效益。

铺地膜养殖，有条件的地区通常设中央排污口和管道。在每餐投饲料前，启动增氧机，使污物集中到中央，随即拉开排水闸，把污物通过管道排出池外。

铺地膜技术已经工厂化。地膜有进口产品，也有国产产品。厂家一般都实行配套服务，亲自到虾塘为虾农铺设，并做好防漏工作，服务工作做得很好。地膜价格每平方米为3~10元不等。使用时间为三五年至十多年不等。

铺地膜养殖的池塘，清污非常方便，只要用水枪冲洗即可，省时省力，效果也非常好。

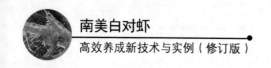

第五节　冬棚养殖模式

冬棚养殖模式具有养殖时间长、经济效益高等优点。

冬棚养殖模式是利用自然环境，使冬棚内保温的虾正常生长。这种模式在广东省采用最多，珠江三角洲地区采用最为普遍。在这些地区，几乎所有的虾塘都搭越冬棚养殖南美白对虾。有的虾农说，宁愿不养殖旺季的南美白对虾，也要安排好冬棚虾。原因是冬棚虾价格通常比旺季高1~2倍，经济效益十分明显。通常一茬冬棚土池虾，每亩纯利润在1万元左右。

越冬棚由支架、钢丝和塑料薄膜建成。支架可以用木材、铁支和钢材等。搭建的越冬棚必须坚固，能支撑起成人在上面爬行。塑料薄膜必须是透明无色的，具有防风和透光的功能。在广东省珠江口地区，已形成专门的搭棚队，生意兴隆，每年到搭越冬棚季节，工作非常繁忙，凡需要搭越冬棚，必须及早安排，留有余地，切勿匆匆忙忙搭建，更不要在需要使用时还未搭建好而导致虾被冻死。2009年11月15日在广东省珠江三角洲地区遇到50年同期最低气温，为6℃。许多虾农原来计划自己养的虾在越冬棚越冬，但由于搭棚队工作忙，许多虾农因来不及搭建越冬棚而导致虾被冻死，损失惨重。笔者有一位朋友是第一次搭越冬棚养殖南美白对虾，在未搭建前，笔者告诉他，必须在10月31日前完成搭棚工作（珠江三角洲地区），后来由于种种原因，在11月15日前还没有把越冬棚搭好，结果虾被冻死，损失惨重，非常可惜。

南美白对虾可以在9℃水温生存，15℃停止摄食，有些虾农反映，在水温为12℃时有死亡现象，凡在越冬棚内没有出现低于12℃水温的地区，均可以养殖冬棚虾。在广东省全境、广西壮族自治区近海和海南地区，均可以养殖冬棚虾。在江苏省、浙江省、福建省以及上海市，只能在每年的3—4月份以后才可以养殖冬棚虾。若有加温设备，养殖时间可能不同。

第四章
南美白对虾健康养成技术

对虾养殖有两大任务：一是养殖要成功；二是养殖成功的对虾要能卖出去，卖出好价钱。

养殖对虾是高风险、高投入、高效益产业。高风险的主要表现是养殖对虾容易发病，发病了又不容易治好。对虾养殖又是高投入产业，除建塘费用和塘租外，一般的土池养殖，每亩成本都为 5 000 元左右。养殖成功了，每亩单产纯利润达 5 000~10 000 元。但失败了，便是血本无归，甚至破产。

笔者经常应邀到江苏省、浙江省、上海市、广东省、广西壮族自治区和海南省等地开展对虾养殖技术服务，也经常讲授对虾养殖技术课。笔者认为，养殖对虾是否成功，关键在于技术。但有些虾农，甚至是一些很有影响的人士认为，养虾是否成功，靠运气、靠天气，这都是错误的。因为在同一地区、同一自然灾害面前，有些虾农年年成功，茬茬成功，赚钱越来越多，面积越来越大；相反，有些虾农却年年失败，茬茬失败，最后破产，甚至再也不敢涉足养虾业。为此，笔者在书中，用最大的篇幅和最大的努力，把南美白对虾养殖全过程的养殖技术，特别是防病技术用讲座形式，尽可能详尽地介绍，盼望购买本书的读者养虾都能成功。

第一节　晒塘、清淤

晒塘和清淤是对虾养殖的第一道工序，它是一项基础工作，特别是多年养殖的虾塘尤为重要。它的重要性犹如建设一座大厦的基础工作。如果一座大厦的基础工作没有做好，最好的上层建筑也会倒塌。养殖对虾也是一样，如果晒塘和清淤工作，特别是清淤工作没有做好，随后的各个环节尽管做得很好，也不会有好的结果。

众所周知，只要养虾，对虾的排泄物、残存饲料和生物尸体等有机物就不可避免地沉积池底，加上池中的有机碎屑、死亡的藻类、枯死的水草和沉积的泥沙等，会造成池底老化，池塘越来越浅。这些污染源若不及时清除，在养殖期间，随着养殖时间的延长和水温的不断升高，便加速分解，既消耗池塘中的溶解氧，又产生各种有害物质。据报道，在夜间对虾只消耗池塘中溶解氧的5%，池塘底质消耗50%～70%，浮游生物消耗20%～45%。可见，池底污染源是池塘的耗氧"大户"。而池塘缺氧是养虾的万恶之源，是对虾发病的根本原因。

晒塘是指在每年冬天收完虾后，或收完第一茬虾后，把池塘水排干或抽干，让池底曝晒至龟裂、发白。这样可杀死部分病原体，并可改良底质。砂质底池塘，经过烈日曝晒，特别是在夏天的高温季节，经曝晒可发烫，人若赤脚走到池底，也感到发烫，效果很好。

晒塘好坏，对肥水（培养基础饵料生物）产生重大影响。如果池塘是泥质，晒塘彻底的虾塘，肥水时培养的水色呈茶色，以硅藻为主；而不晒塘或存有积水的虾塘，培养的水色是绿色，以绿藻为主。而茶色水比绿色水更好，特别是养殖前期。

清淤的最好方法，是用推土机。现在珠江三角洲地区，有专门的推虾塘池底的推土机队伍，他们很熟悉业务，把池塘推得很好。通常是每亩 200 元左右，将表层 10 厘米左右的淤泥推走，每年都推一次，这样既能把池底污物推走，起到除污作用，又能加大水深，增加放苗量和产量。

有的地区，例如广西壮族自治区，用牛翻耕、曝晒，这种方法对改良底质起一定作用，但笔者认为，这种方法清淤不彻底，污染源不能清除，易留下隐患。

在广东省一些地区，全年均不停顿地养虾，不能晒塘和用推土机清淤，而采用高压水枪清洗，边冲边吸污，把池中黑色污物冲走，效果也很好。

高位池清淤更方便，用水枪冲洗即可。

晒塘和清淤工作，要克服侥幸心理，千万不要怕麻烦。有的虾农认为，池塘有污泥，更易肥水，养虾更好。笔者反对这种看法。有这种看法的人，往往是由养鱼改为养虾的。须知，养鱼和养虾不同。养鱼可以经常换水，甚至大排大灌。养虾则不适宜这种方法，养虾通常采用全封闭养殖，基本上不排水。

在晒塘和清淤的过程中，应同时做好池塘的堵漏、堤坝的维修、闸门的安装和检修工作。

第二节　毒塘（清塘）

毒塘又叫清塘。毒塘是指在放虾苗前，利用药物杀死池中的敌害生物、致病生物（病毒、病菌）和各种寄生虫等。这是对虾养殖提高成活率、提高经济效益的重要环节。毒塘应该做好如下工作：

一、安装好进、排水网

根据不同的养殖模式，做好进水网和排水网的安装工作。进水网网目应

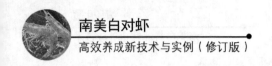

等于或大于 80 目（目的意思指 2.54 厘米长的距离内的孔数），80 目是表示 2.54 厘米长的距离内的孔数是 80。排水网网目为 40 目。以往的书刊都介绍用 40 目或 60 目进水，但实践证明，40 目或 60 目进水，仍有鱼卵或虾卵进入，而 80 目最安全。进水网应用锥形网，这对于在沿海地区用海水养虾的虾塘来说更有利。锥形网网长通常为 10～15 米，这有利于安全，也有利于滤水。

二、毒塘时间

毒塘时间由放苗时间决定。毒塘时间在放苗前 10～15 天最好。

三、毒塘药物

毒塘药物以成本低、效果好、操作方便为原则。

常用药物是茶籽饼（又称茶麸）和敌百虫。

茶籽饼是油茶籽榨油的副产品，其中含有 10%～15% 的皂角碱。皂角碱能在不伤害虾和饵料生物的浓度下，杀死鱼类。其对鱼的毒性比对虾类的毒性大 50 倍。敌百虫主要是杀死甲壳类及其他生物。本书以毫克/升表示浓度单位，有的书用质量比 10^{-6} 表示，10^{-6} 表示百万分之一，茶籽饼的浓度为 30 毫克/升，敌百虫的浓度为 2 毫克/升。

四、水深

水深以 10 厘米最佳，以刚把池塘底全部淹没为宜，如果池塘不平坦，适当加深些。

五、方法

用湿法毒塘。如果是使用茶籽饼和敌百虫毒塘，先计算好池塘两者的用量，然后把茶籽饼加水溶解，随后将敌百虫捣碎，加水溶解，与茶籽饼混合搅匀，即配即泼。有许多报道称，茶籽饼先浸 24 小时才使用，实践证明，这种方法比不上即配即用好。

六、注意事项

①计算用量一定要准确。

②尽量选择晴朗天气，以提高药效。

③毒塘后要检查药效。有的虾农贪便宜，可能买到伪劣产品，不能把杂鱼虾等敌害生物杀死。出现这种情况，应重新购买优质产品，重新毒塘。在一般情况下，使用茶籽饼和敌百虫，在施药半小时左右，杂鱼虾等敌害生物即会出现异常现象：浮头、游塘，随后即死亡，这表明毒塘成功。如果在 24 小时后，仍发现有杂鱼虾正常个体，则表明毒塘失败，要重新毒塘。

④不能干法毒塘。干法毒塘是指有些地区、有些虾农，以为在自己的虾塘经曝晒后，生物已经被杀死，只用干石灰撒一下，能起到毒塘作用。实践表明，干法毒塘有两个缺点，一是不均匀；二是不彻底。笔者曾亲自见到这样的情况：一个在沿海地区的虾农，有 100 余亩虾塘，由于接近大海，淤泥很深，不可能用推土机清淤，只好用晒塘方法。晒塘时底泥已发白，以为没有敌害生物，只用石灰撒一下。而石灰由于笨重，加上灰尘多，干撒时非常辛苦，不可能撒得很均匀，而干撒的石灰不能把深层敌害生物，特别是鱼类杀死，留下隐患，养殖时发现有鳗鱼，捕虾时也捕到 2~3 千克个体的鳗鱼，对虾成活率很低，仅为 30% 左右。到第二年笔者建议用茶籽饼、敌百虫毒塘，结果毒死许多鳗鱼，成活率提高到 60%。

⑤毒塘药物要注意效果。有的虾农用漂白粉毒塘，浓度是 30 毫克/升。漂白粉毒塘效果不好，这在沿海地区更不宜使用。漂白粉质量不稳定，其效果也不稳定，许多虾农使用漂白粉毒塘，往往有杂鱼存在，这在沿海地区特

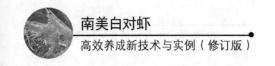

别严重。例如，在沿海地区安装闸门时，往往有渗漏现象，只要出现这种情况，鱼类都不能毒死，其中也包括鱼卵。

⑥用茶籽饼和敌百虫毒塘时，池水不要排走。茶籽饼和敌百虫的失效时间是 3~5 天。有的虾农怕茶籽饼和敌百虫有毒，影响虾生长，便把这些池水排走，再进新鲜水，这是多余的。此外，茶籽饼溶液有肥水作用，可减少肥水用的肥料，节约成本。

⑦不能用禁药毒塘。凡国家禁止使用的药物，不能用来毒塘。因为禁药有残留，在养殖期间对虾的安全有危害性。如果养殖成功了，但在检查时发现对有禁药残留，对虾也卖不出去，损失更惨重。随着形势的发展，今后食品安全检查将越来越严格，绝不能有侥幸心理，否则后悔莫及。

第三节　控制盐度

南美白对虾是广盐性养殖品种，利用养殖地区天然条件，控制盐度，对提高养殖效益、节约成本有重要意义。

南美白对虾是一种耐低盐虾种，具有较强的渗透压调节能力，通过离子调节来维持自身渗透压。有研究指出，南美白对虾的仔虾期采取逐渐降低海水盐度的方式，将池水淡化到相对密度为 1.000 时，在整个淡化过程中虾体未出现异常活动，也没有出现任何不适应的反应。淡化虾苗的成活率与未淡化的对照组无明显差别，即使淡化到淡水，南美白对虾的仔虾仍然保持较高的成活率。但在淡化虾苗淡水池塘养殖效果比较中，未添加海水或原盐的淡水池塘，其放养早期死亡率较高，生长发育缓慢，饵料系数较高，而水环境近似海水的池塘，其生长速度、饵料系数、成活率都较好。在养殖过程中发现，在盐度低的池塘中养殖南美白对虾，离水死亡较快，虾壳较薄，成虾运输较困难。因此，在运虾时，往往加些盐增加活力就是这个道理。控制盐度有如下几种方法：

一、沿海地区

为了更好地掌握养殖池塘的盐度，先谈一下海水盐度的基本知识。

表示海水盐度有两种方式：一是用相对密度（以前称比重）；二是用盐度。所用测定盐度的仪器不同，表示方法也不同，两者换算公式如下：

水温高于 17.5℃时，

$$S = 1\,305 \times （相对密度-1）+ （t-17.5）\times 0.3；$$

水温低于 17.5℃时，

$$S = 1\,305 \times （相对密度-1）+ （17.5-t）\times 0.2。$$

S 为盐度；t 为水温，单位为℃。

例如，水温为 25℃，相对密度为 1.003 时，盐度则为：$S = 1\,305 \times$（1.003-1）+（25-17.5）×0.3=3.92+2.25=6.17，即盐度为 6.17。

凡养殖南美白对虾，必须购买海水比重计（或盐度测定仪器）和温度计。海水比重计一般 10~20 元一支，温度计3~5 元一支。温度计规格是 0~50℃好用。笔者发现有些虾农买 0~100℃的温度计，这种温度计价格较贵，读数也不方便。

在沿海地区根据海区盐度特点，调节最适宜盐度，可达到最佳经济效益。例如，在沿海地区的不同季节，海水盐度不同，有时变化很大。在华南沿海地区，每年的 4—8 月是雨水最多的季节，又是南美白对虾养殖旺季。在这个季节，盐度往往降到南美白对虾最适生长盐度，相对密度达 1.003，而这个盐度出现的时间很短，往往是几天就过去，随后盐度又回升。掌握这个规律，当降雨时，在其余准备工作都准备好的情况下，马上拉开闸门，进到最适宜海水，既保证所进海水最适宜南美白对虾生长，也争取更多的养殖时间。笔者曾做过一个粗略估算，养殖南美白对虾成功时，一般的土池精养，每亩每

天纯利润为 25 元左右。为此，虾农在安排生产时，一定以科学的精神和方法，争取更多的时间养殖，以达到最佳的经济效益。

二、河口地区

河口地区控制盐度对养殖南美白对虾意义更大。因为这些地区盐度变化特别大，在一天内可使原来的咸淡水变为纯淡水。纯淡水是不能直接养殖南美白对虾的，只好再买海水或代用品。

在河口地区的虾农，应每天都测定该地区的盐度，并认真做好记录，尽可能掌握好自己虾塘全年盐度变化规律，掌握好进水时间。笔者 2007—2009 年曾在广东省深圳市宝安地区养殖对虾，全年每天都做好盐度的测定工作。发现该地区全年最高盐度出现在 2 月份，最大相对密度为 1.016，但到了 7—8 月份盐度为 0，用比重计测定时为 0.998，表明该地区在这个时候已没有海水可进塘使用。

在河口地区越向上游，盐度变化越大，调节盐度更大，时间也更紧。因此，这些地区养殖南美白对虾，更要掌握好盐度变化规律，务必在每年纯淡水出现前，能进到适宜海水，这样既可以争取养殖时间，又可以大量节省买海水或代用品，或打井取咸水的费用。例如，笔者听许多虾农反映，在纯淡水区养殖南美白对虾，必须买海水或代用品，通常每亩费用为 300 元，有的高达 1 000 元以上。如果一般虾农养殖 20 亩，则买海水费用最少为 6 000 元。这对于广大虾农来说，特别是对仍较贫困的虾农来说是一笔不小的开支。而这些费用只要自己认真做好本地区的盐度测定工作，是可以轻轻松松省下来的。

广东省番禺地区地处珠江口河口地区，有一个虾农自 2003 年开始在该地区养殖南美白对虾，他在每年阳历 2 月份以前，都将养殖池塘的海水进满，而他养殖 400 亩南美白对虾，一年可省下买海水的钱达 12 万元（以每亩买海水费用为 300 元计）。同样在该地区，也在同一时间，笔者又遇到另一位虾农，他养有 300 余亩南美白对虾。在 2005 年 3 月，笔者建议，必须尽早在 20 天内进水，否则会影响全年生产，后果严重。这位虾农是第一次养虾，没有深刻认识到及时进水的重要性，错过了进水时间，后来只好重新打井取海水，既浪费财力、物力，更影响养殖时间，损失至少 100 万余元。由此可见对虾养殖技术的重要性。

三、没有天然海水的纯淡水区

没有天然海水的纯淡水区养殖南美白对虾，调节盐度的方法如下：

1. 近海或沿海，但不能进到含盐水的地区

这种地区距离海较近，可以通过购买海水、浓缩海水（盐场的卤水，盐度达 70 以上）。在广东省珠江三角洲地区，已形成供应海水的组织。虾农根据自己的养殖情况，向这些组织购买海水或卤水。海水通常是通过船从大海高盐区（34 以上）运回，然后用泵通过管道吸进塘内。卤水主要是通过汽车运输取得。购买海水或卤水每亩费用为 300~500 元。这些地区也有虾农采用打井的办法抽取咸水。

2. 远离大海的内陆地区

这种地区由于离大海遥远，运费很贵，不可能买海水和卤水，都只能买海水晶、粗盐或其他代用品。

以上两种不同地区调节盐度的方式方法基本相同，具体如下：

1. 在塘的一角建标粗池

开始毒塘（清塘）前，在池塘一角围一个全池面积的 1/30~1/10 不等的

标粗池。标粗池这样建造：在未进水前，先在池中挖沟，埋下塑料薄膜，并插上竹竿，然后进水。当池水达到最高水位后，拉起塑料薄膜，并固定在竹竿上，便成为一个标粗池。在标粗池侧开一个 10 平方厘米左右的孔，这个孔用 40 目左右的网纱缝上，目的是让水可以交换，但虾苗不能通过。标粗池建好后，即可以加入海水、卤水或其他代用品调节盐度。

2. 全池加海水或代用品

在广东省一些地区的虾农，习惯全池用打井的水调节盐度，但这种方法消耗的人力、物力、财力大，不建议采用。

不管用哪一种方法调节盐度，均应遵循一个这样的原则：适宜南美白对虾生长、降低成本、节约时间。

南美白对虾是广盐性品种，适应性很强，从经验来看，相对密度为 1.003 的海水就能满足南美白对虾的生长。有报道指出，盐度为 1 也能放苗和养殖。因此，虾农在养殖过程中应认真总结经验，用最适方法调节盐度。在广东省一些地区的虾农，用盐度 8 以上的池水放苗，这没有必要。用池塘的 1/10 做标粗池放苗，较用全池节约了 9/10 的海水或咸井水，若这些是用井水提供，则全池较标粗池需要的时间多 10~15 天，不仅提供海水或咸井水费用的差别，这 10~15 天在生产季节所创造的价值又很大。可见，懂得调控盐度的基本知识，对提高养殖效益有重要意义。

第四节　水体消毒

水体消毒是指用药物杀死养殖水体中的病菌和病毒等，保护有益生物。水体消毒分放苗前和放苗后两种情况。

放苗前水体消毒是在肥水前进行。进水肥水时，应一次性把池塘水达到最大高度，一次性肥水。在未肥水前，对全池养殖用水进行消毒，以杀死池塘中的病毒、病菌及寄生虫等。使用药物以二溴海因和聚维酮碘最好。二溴海因浓度以20%有效溴计算，以1毫克/升为宜；聚维酮碘以有效碘含量2%计算，以1毫克/升为宜。

放苗后的水体消毒应遵循这样的原则：不用或少用；可用可不用，坚决不用；如果虾已发病，必须使用时，应量少、次数多些。

对虾养殖时，在是否用消毒药物进行预防时，有两种截然不同的观点：一种是自始至终都用消毒药物；另一种是不用或尽量不用。对此，笔者赞同后一种观点。

当养殖的对虾处在健康状态时，在其内外环境中存在一个相对稳定的微生物优势种群，组成正常的微生物群，既参与宿主的"生理系统"活动，又能很好地促进有益菌的生长，抑制有害菌的增生，形成抵御致病菌的第一道防线。在正常状态下，虾、微生物和生态环境三者构成一个"动态平衡"，在一定的允许范围内，此种平衡有相对稳定性，虾不易发病，正常生长。而使用各种消毒剂和抗生素后，不仅将有害的病毒、病菌杀死，也把池中的有益微生物杀死，更何况池中有90%以上是有益微生物。这些有益微生物是维持养殖水体生态平衡、抵御致病菌的"主力军"。使用上述药物后，使水体、虾体表及体内的有益微生物遭破坏，从而降低虾的免疫力，甚至完全失去免疫力，病原体便突破首道"防线"，侵入体内，导致虾发病。

有些养殖户在养虾时，为了预防虾病的发生，往往不加以分析，或不以科学态度听别人介绍，或错误听取经销商的引导，在虾正常生长的情况下，在固定时间内使用各种药物对养殖水体消毒，但虾仍然发病。对此，作为养殖户，必须对各种指导、引导作出科学的分析。对教科书上的所谓道理，不能照搬。例如，寄生虫专家研究鱼虾有哪些寄生虫病，用哪些药物可以治疗，多长时间用一次可以预防；细菌专家研究鱼虾有哪些细菌病，用哪些药物可

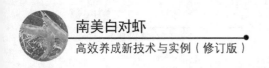

以治疗，多长时间用一次药可以预防；病毒专家研究鱼虾有哪些病毒病，用哪些药物可以治疗，多长时间用一次药可以防治。这些都是对的，是科学家们在实验中经过严格、认真地研究总结出来的，都是科学的。但如果养殖户严格按这些"忠告"——以防为主去做，今天下药防病毒，明天下药防细菌，后天下药防寄生虫，恐怕池塘早已成为药煲，不可能养出虾来。

笔者于 2010 年 3 月应邀到广东省江门市新会区一地讲授对虾养殖技术课，期间有一位虾农提出这样一个问题：在 2009 年的同一个虾塘，上半年养殖对虾时，定期使用药物防治，不用其他药物，结果养殖成功。而在下半年采用与上半年相同的方法时，养虾却失败，虾发病。对此，笔者认为，上半年成功的原因主要不是因为用药物预防成功，而是其他养殖方法成功。而下半年失败的真正原因可能是使用预防药物过多所致。

实践是检验真理的唯一标准。养虾是一门大科学，只有不断地总结经验教训，多实践，多学习，既要有理论知识，又要有实践经验；既不能犯教条主义，又不能犯经验主义。只有这样才能使养虾立于不败之地，年年成功。

笔者从事对虾养殖技术的实践与研究达 20 余年，也看到大量对虾养殖技术的报道，既有期刊，也有专著，发现许多报道是错误的。例如，某出版社出版的对虾养殖书籍中写道："南美白对虾适宜的 pH 值为 7.8~8.2。"换句话说，超出这个 pH 值范围，南美白对虾就不适宜了。这个错误实在太离谱，估计这位作者是没有养过南美白对虾，没有养殖南美白对虾的基本知识或者这个论述引用了错误的结果。作为养殖户，如果相信这个论述，恐怕南美白对虾养殖也就终止了。

第五节　肥水（培养基础饵料生物）

肥水又叫培养基础饵料生物，是对虾养殖过程中极其重要、必不可少的一个重要环节，它关系到对虾养殖的成败。有一句话"养虾先养水"，就是这个道理。

基础饵料生物具有繁殖快、培养方法简单、节约成本和效果显著等优点。

一、肥水作用

1. 增加氧气

经过肥水的虾塘，改变了池塘的水色和透明度，池塘中存在大量的浮游植物。浮游植物的种类和数量决定了池塘的水色和透明度。良好水色和透明度是大量浮游植物生长和繁殖的结果。浮游植物的最大作用是能进行光合作用。在光照条件下，浮游植物吸收二氧化碳，并放出氧气。在天气好的情况下，池塘中浮游植物光合作用产生的溶解氧浓度达到饱和或过饱状态。浮游植物进行光合作用可放出氧气，而且吸收池内丰富的无机盐类，是池内生物链的重要环节，是保持池塘生态平衡的主力军。浮游植物光合作用产生的氧气含量占海水池塘溶氧收入的比例可达91.3%~100%，是池塘中氧气的主要来源，而大气氧气扩散作用在池塘溶氧收入中仅占5.3%~7.8%。浮游植物是稳定虾池生态环境的核心。

2. 遮蔽池底，避免大型藻类的生长

有一种大型藻类叫轮叶黑藻，在池塘透明度大，特别是看到池底时，很容易长出，凡瘦水，都会长出这种藻类。

经过肥水的虾塘，改变了虾塘的水色和透明度，水色呈褐色和绿色。褐色水是以硅藻为主，绿色水是以绿藻为主，这两种藻类都是对养殖利好的藻类。透明度以10~20厘米最好。广东省江门市新会区大鳌镇有一位著名养殖户，养殖有1 000余亩虾，他在实践中认为8~13厘米的透明度最好，笔者也

赞同这种看法。有了这种水色和透明度的虾塘，阳光不能直射池底，大型藻类就生长不起来。池塘中若生长大型藻类，属养殖事故，发病的机会大增，如果不及时处理，危害性极大。

2002 年 4 月，笔者到广东省阳江市某虾场作技术指导。该虾场有 100 余亩虾塘，养殖南美白对虾，当时放苗已 30 余天，水深 1 米有余，透明度很高，达 100 厘米以上，可清楚看到池底，更可清楚看到幼虾在游动，笔者建议立即处理，并立即肥水，否则后果不堪设想。但该虾农没有理会，以为是小题大做，没有采取措施处理。1 个月后，笔者因工作需要，又重到该虾场，见到的情景让人难过：全塘长满了轮叶黑藻，并长到了水面，好几个工人冒着烈日，撑着一条小船在塘中捞草，捞满船后又撑到堤边倒，然后再捞，非常辛苦。据说仅用于捞草的费用达 1 万余元。而事实上，这种处理方法不可能把池中的藻类捞干净。因为这种大型藻类生长速度非常快，捞完这边，那边又长出来，笔者曾在 2000 年遇上类似情况，也亲自和工人一起下塘捞草，根本不能奏效。唯一的处理办法，是先排走 1/3 水，再引进新鲜水，以补充藻种。然后加倍施肥，让新的单细胞藻类生长起来后，透明度降低，大型藻类在见不到阳光的条件下会自然死亡。该虾塘的南美白对虾经历了这次大型藻类繁殖生长的"磨难"后也发病，损失十分严重。

3. 为幼虾提供优质饵料

经过肥水的虾塘，池中存在许多浮游动物。例如，用一个透明玻璃杯，盛上一杯水，就可以看到 10 余只或更多的白色小点在游动，这些白色小点就是浮游动物。如果用一个 30 目的小捞箕在池边轻轻一捞，再倒到透明的玻璃杯内加水稀释，就可以看到许多密密麻麻的浮游动物在游动。这些浮游动物具有不饱和脂肪酸，是幼虾的优质饵料。幼虾最喜欢吃这些浮游动物。在池塘的浮游动物存量足够幼虾吃的情况下，幼虾不吃人工投喂的颗粒饲料，而吃这些浮游动物。在一般的精养虾塘，只要肥水工作做得好，在放虾苗后的 20~30 天内，都不用投人工配合饲料，幼虾也能正常生长，体长达 3~7 厘米，这正是摄食浮游动物的结果。有报道指出，每亩放 26 万尾南美白对虾的虾塘，肥水工作做得好，放苗后 12 天内不投人工配合饲料，幼虾也能正常生长。有经验的虾农，一般在放虾苗后的 20~25 天均不投饲料，从而节约饲料成本。

4. 防病

近年来广大虾农都有一个广泛的共识，就是肥水（指透明度在 20 厘米以下）的虾塘，虾不容易发病；而瘦水（指透明度在 50 厘米以上）的虾塘，虾容易发病。长期养殖南美白对虾的虾农，也一定会发现这样一个现象：肥水虾塘的虾，活力强，体呈透明白色；而瘦水虾塘的虾，活力差，须和尾扇呈红色，这在用饲料台观察虾时特别明显。这是因为：肥水虾塘浮游植物比瘦水虾塘多，产生的溶解氧也多，生态环境好。氧气不仅是虾呼吸的需要，也是维持对虾正常生理功能和健康生长的必需物质，又是改良水质和底质的必需物质。在溶解氧充足时，微生物可将一些代谢物转变为危害很小或无害的物质，如 NO_3^-、SO_4^{2-} 和 CO_2 等。反之，当溶解氧含量低时，可引起物质氧化状态的变化，使其从氧化状态变为还原状态，如 NH_3、H_2S 和 CH_4 等，从而导致环境自身污染，引起虾中毒或削弱抵抗力。

经过肥水的虾塘有足够多的活饵料生物，例如，轮虫、枝角类、桡足类等，投苗后半个月左右主要依靠天然生物饵料，少投甚至不投人工配合饲料，使水体残饵大为减少，由此减轻了池塘受污染的压力。由于基础饵料生物适口性好，营养全面，是任何人工饵料所不能代替的。这是提高种苗成活率，增强苗种体质和加速苗种生长的最重要的物质基础。同时饵料生物特别是浮游植物对净化水质，吸收水中氨氮、硫化氢等有害物质，减少对虾病的危害，

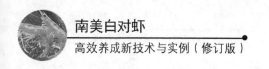

稳定水质起重要作用。

二、肥水时间

肥水时间取决于放苗时间，放苗时间取决于水温。因此，在养殖季节，要把放苗时间、毒塘时间、肥水时间统筹安排，并留有余地，充分利用养殖季节的时间。时间就是金钱，也更适用于虾的养殖。时间安排得好，效益大增，错过养殖时间，会带来重大损失。

肥水时间应在放苗前20天左右、毒塘后2~3天进行。笔者在养虾时发现一个这样的现象：在使用无机肥肥水时，例如，单细胞藻生长素在肥水初期，由于单细胞藻类的迅速繁殖，酸碱度突然升高，有时达9.5，甚至更高，很害怕养不了虾。但到肥水后的15天左右，酸碱度逐日下降，到20天左右，酸碱度降到8.3左右，这时候最适宜对虾生长，在这个时候放苗最好。

三、进水

在安全的前提下，水位越高越好，一次性把池水进满，一次性肥水。当然在进水时，务必用80目以上网纱过滤，这是肥水是否成功的重要保证。以往有些虾农进水用40目网纱过滤，甚至用30目网纱过滤的也有。网目少，孔径过大，导致一些浮游动物个体或卵进入虾塘，不利于肥水。

有一些书刊介绍，肥水工作多次进行：第一次进水30~50厘米，随即进行肥水；待水色透明度变化后，第二次进水，把水位加到100厘米后第二次肥水；待水色和透明度变化后，再把水进满，第三次肥水。其根据是：水位低，容易升温，有利于藻类的生长。而实践证明，一次性肥水，不论在时间上、物质上，还是在效果方面，均比多次肥水好。笔者对此还专门做过对比试验，一次性肥水效果均好得多。

四、肥水物质

肥水物质以完全溶解于水、不残留为原则。目前市面上肥水物质众多，效果也不同。笔者在使用过程中或接触到的虾农中反映，中国水产科学研究院南海水产研究所研制的单细胞藻类生长素最好，深受虾农欢迎。它通过采用浮游单细胞藻类特需的营养元素，有利于优良的浮游单细胞藻（硅藻、绿藻）繁殖，能长期稳定水质和底质，优化和保持良好的养殖生态环境。它在使用时，完全溶解于水，没有残留。以水深为 1 米计，每亩放 1~2 千克。此外，尿素和过磷酸钙也是良好的肥水剂，使用方便，价格也便宜。它还有一个突出优点是，养一茬虾，只需在肥水时一次把水色和透明度调节好即可，不要多次施肥。当然由于特殊情况和特殊原因需要重新施肥，也是必要的。

笔者在 2005 年到广西壮族自治区北海市和广东省珠江口地区做对虾技术服务时，虾农反映用单细胞藻类生长素和尿素、过磷酸钙肥水的虾塘，养虾成功率大大高于用鸡粪肥水的虾塘。这是因为，用鸡粪肥水的虾塘，鸡粪残留在池塘，留下隐患，会污染底质和水质。

笔者在从事对虾养殖和服务工作的过程中，广泛接触到广东省、广西壮族自治区、海南省、浙江省、上海市和江苏省等地的虾农，发现许多人用鸡粪、鸟粪、米糠、花生麸等物质肥水，对此，笔者有不同的看法。

鸡粪、鸟粪、花生麸、米糠等的主要成分是脂肪、淀粉和碳水化合物等。这些物质在肥水过程中起一定作用，但其残留物严重。这些残留物为养虾留下隐患。这些物质随着养殖时间的推移，伴随残饵和排泄物的增加，对底质产生污染，从而影响水质。笔者 2005 年在广东省湛江市郊区遇到一位虾农，他用鸟粪肥水，本来正常的水质，变得不正常，氨氮和亚硝酸都升高，导致虾发病。此外，花生麸和米糠成本也高。笔者从广东省中山市的一位虾农那里了解到，用花生麸肥水，每亩成本是 50 元左右，而用单细胞藻类生长素每

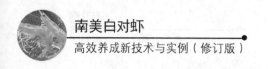

亩才 15 元左右。

目前市面上出售的肥水剂也品种繁多，虾农在购买时，应多分析，衡量利弊，作出正确的选择。千里之堤，毁于蚁穴。对虾养殖全过程都充满风险，养虾本身是高风险产业，不要因为选择肥水物不当而导致养虾失败，在这方面已有先例，应引以为鉴。在使用肥水物过程中，应多总结经验教训，特别不要相信一些不良经销商，以免上当受骗，造成严重损失。

在这里值得一提的是，有些虾农养殖热情很高，特别是初次养虾的养殖户，为了使虾更快长大，更早上市，卖到好价钱，专门买丰年虫（很昂贵）孵化投喂幼虾，还有些喂虾片、豆浆、鸡蛋等，所有这些根本没有必要。从经济上讲，这浪费资金；从保护水质和环境来讲，造成污染。这是因为，经过肥水后才放虾苗的虾塘，有足够多的浮游动物供幼虾摄食，在放苗后的 20 天左右，幼虾也正常生长，这是客观存在的事实。

五、水色和透明度

肥水后良好的水色是黄褐色、褐色和绿色，透明度为 10~20 厘米。对于透明度，一些书刊或虾农都认为，30~40 厘米最好，在笔者 3~5 年前也有这种看法。但近几年来，在笔者接触到的广大虾农和养殖实践中，都认为 10~20 厘米，甚至更低的透明度更好。笔者 2007 年曾在浙江许多地区了解到，当地认为透明度在 10 厘米左右最好。他们的几千亩虾塘，透明度都在 10 厘米左右，养殖都很成功，其重要原因之一，是肥水的虾塘，其溶解氧含量比高透明度虾塘溶解氧含量高。以肥水虾塘为 10 厘米、瘦水虾塘透明度为 40 厘米计，肥水虾塘溶解氧含量是瘦水虾塘的 4 倍。两种不同含氧量的虾塘，均遇上恶劣天气，例如，台风、暴雨、大暴雨、连续阴天多雨等，肥水虾塘的虾有足够多的溶解氧被吸收，就能渡过难关，而瘦水虾塘的虾，则由于缺氧而产生应激反应，继而发病。

目前对透明度的认识有不同的观点和看法，作为虾农，最好进行对比观测和试验，以作出正确的判断。

六、肥水方法

1. 天气

在未进行肥水前，必须准确了解天气状况，选择在有阳光的上午进行，雨天不能施肥。

2. 一次性肥水

一次把池水进满，一次性肥水。

3. 均匀泼洒

肥水时，肥料泼洒越均匀越好，为此，在溶解肥料时，尽可能多地加水稀释，这有利于均匀泼洒。通常在施肥后6~8小时水已开始变色，透明度开始降低，24小时后水色变化非常明显，48小时后可达到预期效果。如果池塘晒得好，没有积水，水色通常呈黄褐色，以硅藻为主，如果池塘有积水，特别是近海或沿海地区，池水无法排干或晒干，水色常呈绿色。

肥料用量应根据说明书使用。如果是用尿素，浓度一般在20毫克/升左右，过磷酸钙的用量是尿素的1/4左右。使用时，把两者混合，加水稀释，全池均匀泼洒。

4. 注意事项

(1) 准确计算用量 笔者在接触到的虾农中，不会计算用量，经常问起每亩用量。对此，笔者认为，应该懂养殖对虾的基本知识，这对自己安排工

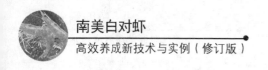

作很有好处。

例如，面积、体积、浓度都应该懂。池塘每亩面积约为 667 平方米，如果水深为 1 米，则体积为 667×1＝667 立方米，常用 667 立方米表示。如果浓度是 20 毫克/升，表示每立方米用量为 20 克（固体）或毫升（液体），则每亩用量为：20×667＝13 340 克（固体），大约为 13 千克或 13 340 毫升（液体），大约为 13 升。

（2）不要注满池水毒塘　笔者在接触到的虾农中发现，有些虾农，特别是初次养虾的虾农，为了使养虾时池中没有鱼、野杂虾等敌害生物，用注满池水的方法毒塘，毒完塘后即肥水。这种毒塘和肥水的方法都不对。原因是用进满水的方法进行毒塘，一是没有必要，二是浪费药物。例如，如果用 0.1 米水深毒塘，以用茶籽饼为例，每亩常规用量为：30×0.1×667＝2 001 克（以茶籽饼的浓度为 30 毫克/升计），即约为 2.0 千克，若每千克为 1.2 元计，其费用为：1.2×2.0＝2.40 元。如果用 1.5 米水深毒塘，成本将增加 14 倍，为每亩 36 元。如果养殖面积大，费用将大大增加。更为严重的后果是给肥水带来极大困难，增加更多肥水成本，影响养殖时间。这是因为，全池养殖水体中的所有生物均被毒死，其中包括 90% 以上的有益微生物，当然也包括浮游植物。而浮游植物，即常说的单细胞藻类的藻种，是肥水的"种子"。如果池塘里没有"种子"，就不可能有种苗。没有藻种的池塘，是不可能培养藻类，也就没有水色和透明度的改变。要使池塘水色和透明度改变，即要肥水成功，必须把池塘中经过毒塘的水排走一部分，重新进水。目的是引进天然藻种，重新肥水。这个过程会推迟养殖时间，这当然影响养殖经济效益。

（3）掌握好肥水时间　必须在毒完塘后 2～3 天进行。笔者近日接到一位虾农来电，说虾塘经过多次施肥，水仍肥不起来。经了解情况后才知道施肥黄金时间已过，施肥时间不对。

毒完塘后 2～3 天是肥水的黄金时间，如果错过这个时间，越往后，肥水就越困难，甚至肥不起来。笔者曾在广东省珠海市听到一个虾农反映，经过反复施肥，水还是肥不起来，而费用达每亩 1 000 余元，本来正常费用是每亩 10 余元，每亩却多花 900 余元，太可惜，这足见养殖技术的重要性。

毒完塘后 2~3 天肥水之所以肥水效果好，原因是：刚毒完塘的虾塘，池中没有任何生物，包括没有病菌、病毒、有害生物和有益生物。这时立即注满池水，池水中含有大量单细胞藻类的藻种，而同时在新注入池水中的浮游动物却很少，即使有，也是卵或幼体，摄食浮游植物的量也少，在这个良好时刻，立即施肥，单细胞藻类在短短的 1~2 天内，由于吸收了施肥的无机盐等营养成分，便迅速繁殖生长，而浮游动物既少，摄食浮游植物的量也少。即使随后浮游动物数量增加，个体也增大，摄食浮游植物的数量增加，浮游植物也足够浮游动物摄食，保持了水体的生态平衡，从而维持水体原来的水色和透明度。养殖一茬虾，只要肥一次水，就可以养殖到收虾，不要重复施肥，这是笔者亲自在虾塘养殖实践得出的结论。

当然在养殖过程中，由于种种原因，有个别虾塘或少数虾塘水色变淡，透明度变大，甚至可以看到池底等情况。遇到这种情况，应以分秒必争的精神，做到及时发现，及时补施肥。例如，有的虾塘原来的透明度为 10~20 厘米，当发现透明度开始变大，达 30~40 厘米时，马上施肥，水色会立即改变，透明度也会立即降低，表明补施肥成功。如果不及时发现并及时施肥，透明度不断增加，甚至在 2~3 天内看到池底，这时再补施肥，困难就大得多。因为这时施肥，浮游植物极少，即"种子"很少，水色变化不明显，透明度也不容易降低。这是因为：池中存在的浮游动物数量很多，一旦出现浮游植物就被浮游动物摄食光，而没有浮游植物的池塘就没有水色，透明度当然很高，甚至看到池底。遇到这种情况，如果继续施肥，得到的结果与上述所述相同，这就是多次施肥，花 1 000 余元，水仍不能肥起来的原因。在这个时候，应把池水排走一部分，补充一些新鲜水，目的是增加藻种。如果隔

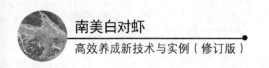

离塘的水色好，抽一些水补充，并立即施肥，效果更好。而这时的施肥量应加大，尽可能在短的时间内，把池中浮游植物培养起来，并保证有足够多的浮游植物供浮游动物摄食，这是笔者长期在虾塘养虾的经验总结，虾农不妨试试看。

在这里还应提及的是，凡进水，必须用80目以上网纱进水，目的是防止大型浮游动物进入虾塘影响肥水效果。

第六节　改良底质

养虾先养水已是广大虾农的共识，但养水先养土却往往被忽视。笔者到全国各地讲授对虾养殖技术的过程中，养殖户经常提出这样一个问题，就是养虾发病的首要原因是什么，笔者的回答是底质污染所造成的。凡从事对虾养殖的虾农都发现一个同样的现象，就是新开挖的虾塘，第一次养虾容易成功，但随着时间的推移，养虾越来越困难，虾发病的机会也越来越多。同时还可以看到高位池养虾成功的比例高于土池。所有这些都说明，底质改良是养虾的首要任务。

一、底质污染的原因

1. 对虾排泄物

笔者1996年在广东省珠海市横琴岛养殖斑节对虾时，专门做过一次这样的试验：用一个40厘米×30厘米×60厘米的白色塑料箱，盛上2/3的虾塘海水，放进5尾全长为5~7厘米的斑节对虾，每天换水一次，投入适量的人工配合饲料。结果发现，在24小时内，箱底有20余条约2厘米长的黑色虾屎。以此类推，虾塘中虾的排泄物是惊人的。当然在平时检查虾饲料台时，也发现相同情况。此外，也可以发现，虾塘若不是每年清淤，池塘水位越来越浅，这都与虾塘中虾的排泄物积聚有关。

2. 残存饲料

现在养殖对虾都是使用人工配合饲料。在投下的饲料中，不可能百分之百被虾摄食，未被摄食的饲料便残留在虾塘中。对虾饲料在加工过程中不可避免地有粉状物，这些粉状物，虾是无法摄食的，也残留在虾塘中。质量稍差的饲料，粉状物很严重，只要用手伸进饲料中，就可以看到沾满白色的粉末。这些饲料投放在虾池以后，在风尾一侧，会发现一层很宽的膜状物。这些粉状物长期积聚，必然会污染池底。

有些虾农在养殖过程中有一种错误的投饲料方法，就是从放虾苗后的第二天就开始投饲料，这些饲料往往不是被虾吃下，而是沉在池底。因为凡养殖对虾必须肥水，虾塘经过肥水以后存在许多浮游动物。这些浮游动物可供一般精养土池的虾吃20~25天，即使投人工配合饲料，虾也不吃。此外，有些虾农在投饲料过程中有过量的现象。例如，有的虾农投完饲料后，放在饲料台内的饲料4~8小时还没有吃完，甚至更长的时间还有饲料剩，这表明投饲料过量。所有多余饲料，都是池底的污染源。

3. 生物尸体

水中的所有生物都是互相依靠、互相制约的，藻类多是水中净水能力增强的标志，只有丰富的藻类才能充分利用微生物分解的产物，因此，藻类是水体中浮游生物的主体，而且藻类本身的寿命也只有10~15天。可见生物死亡是正常现象，它会污染底质。此外，如果使用消毒剂和抗生素类药物，也会杀害池中的有益生物和有害生物。有些养殖户在养殖过程中，由于养殖方法不对，长出青苔或大型藻类。这些藻类必须用药物把它杀死才能继续养虾。

这些被杀死的藻类同样会污染底质。另外，由于天气变化或缺氧等原因，水面有一层绿色物，这是死亡藻类，也会污染底质。

4. 用有机肥培养藻类

许多地区的虾农，用有机肥肥水，例如，鸡粪、鸟粪、花生麸、米糠及商用有机肥，这些东西在肥水时起一定作用，但均不能溶解于水，沉积池底，污染底质。

5. 放苗密度过大

在同一水体中，放苗密度与污染成正比，即放苗越多，排泄物也越多，就越容易污染底质。据报道，广东省珠海市斗门区养殖南美白对虾时，每亩放苗 12 万尾以上，而广西壮族自治区则每亩放苗 5 万尾，甚至 2 万~3 万尾，后者养殖成功率远远大于前者，这与放苗密度有一定关系。

6. 工业污水和生活污水

几十年前，我国许多江河和沿海地区，水质清澈，透明度很高，可以游泳，但近十余年，特别是近几年，这些地区工业发展迅猛，人口不断增加，工业污水和生活污水排放越来越多，污染越来越严重，致使我国许多沿海地区水质富营养化，还经常有赤潮出现，这都与工业污水和生活污水的排放有关。这些污水被引进虾塘，沉积池底，污染底质和水质。

7. 养殖用水交叉污染

由于我国不少地区对虾养殖还不规范，许多虾农在养殖过程中，随便排放池水进江河或沿海。而有些虾农因养殖需要，正需要进水，就不可避免地把不经过处理的污水引进虾塘养殖，造成交叉污染。

二、底质污染的危害性

1. 导致缺氧

据报道，池塘底质耗氧率高达 50% ~ 70%，可见池塘底质污染是耗氧"大户"，是主要耗氧源。池塘的有机物越多，耗氧就越严重。而池塘几乎所有指标都与池塘溶解氧有着直接或间接的关系，可以讲，池塘缺氧是虾发病的主要原因。

2. 有毒物质大大增加

虾池水质的变化，通常由底质变化引起。水质变坏，首先表现在池水中的有毒物质，例如，氨氮、硫化氢和亚硝酸盐等含量的增加，pH 值和生物耗氧量超出正常范围，溶解氧下降，饵料生物数量减少；池水中的有害物质，例如，夜光虫、鞭毛藻数量增加。产生以上现象的根源是池底有机物沉淀过多，因得不到充分氧化而产生有害物质。换水只能改善池水，但不能改善底质和消除产生有害物质的根源。改善水质首先要减少有机物的沉积，增加溶解氧，逐步消除沉积物。

3. 酸碱度失衡

酸碱度是反映水质好坏的综合指标。在淤泥较多的虾塘中，淤泥有机物会发酵，产生各种有机酸和无机酸，使底质和水质酸化，导致 pH 值下降。当 pH 值下降到超过适度范围时，会影响对虾的呼吸，造成对虾新陈代谢水平下降，生长发育受到影响，进而发病。

4. 有害细菌大量繁殖

池塘有机物增多会使池塘缺氧，池底缺氧最严重的后果是致病菌——弧

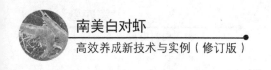

菌的恶性繁殖，兼之缺氧已经显著降低水产动物的免疫力，这样就极容易暴发疾病。

三、改良底质的方法

1. 放虾苗前

（1）清除淤泥　在每年冬天收完虾后，利用无雨的有利时机，将虾塘池水排光或抽干，经过晒塘，用推土机，把表层 10 厘米左右的淤泥推走。现在广东省珠江三角洲地区有专业推虾塘的队伍，虾塘推得很干净，也很整齐，进水后即可以养殖。在广东省、广西壮族自治区和海南省等地都有养冬棚虾的习惯，全年不停顿地养虾，来不及用推土机推淤泥，而是用水枪冲洗淤泥，边冲洗边排，或边冲洗边抽干，直至把池水淤泥冲洗干净。用推土机清淤费用一般为每亩 200 元左右。

（2）翻耕　广西壮族自治区沿海地区有的底质是沙底，他们采用牛犁翻耕的方法清淤。这种方法对改良底质也起到一定的作用，但不够彻底，因为翻耕的结果，会把污染物藏起来，留下隐患。

（3）晒塘　在一些沿海地区，池塘底泥很厚、很深，连人在池塘行走也很困难，根本不能用推土机和水枪冲洗，只好用晒塘的方法改良底质。

晒塘时要使底泥发白、龟裂，这可杀死部分病原体，对改良底质也起到一定作用，但不彻底。晒塘时，由于池塘高低不平，并有积水，可根据实际情况，多挖些小沟，让池水排出池外，晒塘效果更好。沙质泥底，晒塘更加重要。这种池底，经太阳曝晒，特别是夏天高温季节，经曝晒后，连人行走也感到发烫，效果也好，这种晒塘方法容易杀死病菌、病毒。

高位池清淤只要用水枪和水龙头冲洗即可，非常方便，也省时省力。但早期的高位池建设，存在许多缺点。例如，在海南省和广东省湛江市，早期建的高位池底层铺塑料薄膜，再填几十厘米沙。这种高位池，在养殖的初期有一定效果，但随着养殖时间的推移，这种高位池存在清淤难的问题，即使用水枪冲洗，池中污物也很难彻底冲干净，留下隐患。

笔者2004年多次到广西壮族自治区东兴市，进行对虾养殖技术售后服务，见到一位浙江籍的虾农，他的清淤方法很有创意，其养殖的10个100多亩的虾塘连年养虾成功，可以借鉴。

该虾农在虾塘排水一侧，有目的地将池底挖深50厘米，面积约为30平方米。每养一茬虾后，这个小池均被污泥填平，这是在养虾过程中，启动增氧机后，各种污物向低处集中所致。在每茬虾收完以后，用抽水机连泥带水抽走。这种方法省时省力，效果也很好。

(4) 铺地膜 广东省湛江市雷州地区许多虾塘在沿海，底质很难清理，底质污染越来越严重，严重老化，养虾经常发病。他们采用铺地膜的方法，把底泥与养殖用水分开，可防止底质污染。在铺地膜时结合排污，养虾成功率大大提高。

2. 放虾苗以后到收虾

(1) 培养好基础饵料生物 培养基础饵料生物又叫肥水。从表面看，这与改良底质似乎没有多大关系。而事实上，两者关系非常密切。因为基础饵料生物包括浮游动物和浮游植物。而浮游植物的光合作用产生的氧气是虾塘氧气的主要来源，它的供氧量可达池塘氧的91.3%～100.0%。而池底底质的有机物，在溶解氧充足时进行氧化反应，将有机物分解为无机盐类，有机物越来越少，水质就越优良。当池塘中的溶解氧不足时，池塘中的有机物进行还原反应，有害物质，例如氨氮、硫化氢、亚硝酸盐等越来越多，恶化水质。

培养基础饵料生物质量主要表现在水色和透明度。大量的事实表明，在良好水色的前提下，透明度越低越好，其中以10～20厘米最好，有的虾农反

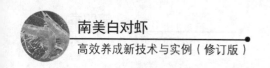

映，透明度为 5~10 厘米更好。即肥水比瘦水好，因为肥水比瘦水的含氧量更高，能更好地参与底质的改良，更有利于抗击恶劣的自然灾害，虾更容易渡过自然灾害的难关，不容易发病。

（2）使用微生物制剂　使用微生物制剂养殖对虾，是对虾养殖技术的重大突破。它在改良底质中起到良好作用。

目前在对虾养殖、改良环境方面主要有液体的光合细菌、EM 菌和粉状的芽孢杆菌、乳酸杆菌、乳链球菌、假单胞菌、亚硝化单胞菌、硝化杆菌、硫杆菌等。

光合细菌是一大类能进行光合作用的原核生物的总称。它们的共同点是体内具有光合色素，在厌氧、光照条件下进行光合作用，利用太阳光获得能量，但不产生氧气。光合细菌利用小分子有机物作为供氧体，同时以这些小分子有机物为碳源。它们能利用铵盐、氨基酸或氨气为氮源，有的菌种也利用硝酸盐和尿素为氮源。但是，光合细菌中的红螺菌科细菌本身不利用或不能很好地利用淀粉、脂肪、蛋白质等大分子有机物质。光合细菌和 EM 菌放在虾塘中，能迅速消除水体中氨氮、硫化氢、有机酸等有害物质，改善水体质量，平衡酸碱度。但对于进入水体中的大量大分子有机物质，如虾的排泄物、残存饲料、浮游生物残体却无法分解利用。

化能异养细菌，也常被人们称之为微生物制剂或微生态制剂。它是用塑料袋包装的粉状物。这类细菌包括枯草芽孢杆菌、地衣草芽孢杆菌、蜡状芽孢杆菌、巨大芽孢杆菌、多黏芽孢杆菌、乳酸杆菌、乳链球菌、假单胞菌、亚硝化单胞菌、硝化杆菌、硫杆菌等，是能利用有机物而对虾无病原性的有益细菌。这些细菌是科技工作者从自然界筛选、纯化培养出来的，经过强化、复壮培养，菌株具有强大的生命力和旺盛的繁殖能力，能适应各种不良环境条件。这些细菌有好氧的、厌氧的、兼性厌氧的，它们能分泌多种胞外酶，把大分子有机物质，如淀粉、脂肪、蛋白质、核酸等分解成小分子有机物，再由细胞吸收利用，一部分合成细菌细胞物质，一部分通过生物氧化用于产生细菌生命活动所需的能量，使得有益细菌不断繁殖，同时把有机物质矿化生成硝酸盐、磷酸盐、硫酸盐等无机盐。

有益细菌进入虾池以后，发挥其氧化、氮化、硝化、反硝化、硫化、固氮等作用，把虾的排泄物、残存饲料、浮游生物残体等有机物迅速分解为二氧化碳、硝酸盐、磷酸盐、硫酸盐等，为单细胞藻类提供营养，促进单细胞藻类的繁殖和生长。单细胞藻类的光合作用又为有机物的氧化分解、微生物的呼吸、虾的呼吸提供氧气。循此往复，构成一个良好的生态循环，使虾池的菌相和藻相达到平衡，维持稳定的水色和透明度，营造良好的水质环境。

EM 菌含光合细菌群、乳酸菌群、酵母菌群、革兰氏阳性的线菌群、发酵系的丝状菌群等 5 属 120 种有益微生物。它的功能和营养价值与光合细菌相似，但其优越性更大，功能更多。特别是在水质受污染、透明度低时使用，可调节水体质量，提高透明度。

使用微生物制剂的注意事项：

①使用优质名牌产品。使用微生物制剂时，一定要注意质量，注意菌体的数量和活力。

优质的光合细菌和 EM 菌外观是金黄色的。在购买时首先观看产品的厂家和日期，并观看其颜色，闻其气味。如果是黑色，表明有益菌已死亡，绝不能购买。死亡的细菌放进虾塘，不但不能改良水质，反而污染水质。因为微生物细菌本身是有机体，只有在有生命力时才能起作用。

目前市面上出售的液态光合细菌和 EM 菌用黄色、蓝色等不透明塑料桶或瓶包装，这是不规范的，它不能从外观看出其颜色，按规范应用白色塑料桶包装，可以直接看到颜色。对于用不透明塑料桶包装的光合细菌和 EM 菌必须提高警惕。

目前市面上的微生物制剂存在良莠不齐、鱼目混珠的现象。笔者曾见到

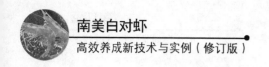

这样的现象：光合细菌已变黑，并已生虫发臭，但经销商欺骗虾农，说变黑和发虫不会影响质量。优质的光合细菌制造过程非常严格，保存半年内都不会变色、变质，而假的劣质光合细菌很快就会变质。制造劣质光合细菌很容易，例如用普通的虾苗袋，盛上2/3的虾塘水，加些营养液和菌种，放在虾塘地上晒3~5天颜色就会改变，可以充当光合细菌出售。如果没有辨别真假产品的知识，加上贪图便宜，就很容易上当受骗。

②尽早使用。根据先入为主的理论，通过先入菌的大量繁殖，形成优势种群，这样可以减少或阻碍病原菌的定居。

③用量要足够。微生物制剂的根本作用是以菌治菌的竞争抑制作用。只有当有益的微生物菌在适宜的环境中形成优势菌群后，才能有效抑制有害菌株的生长，这犹如战场上打仗，只有集中优势兵力才能打赢战争。例如，液态光合细菌和EM菌，一般要求每毫升含3亿以上个活菌体。有的虾农反映，使用微生物制剂效果不好，这与使用浓度和制剂的质量有关。

④适量使用。通常养殖者在实际使用国内微生物制剂时，有增加剂量（甚至加倍）和根据水深增加用量的习惯。其实真正的好产品，用量并非越多越好。水体中投放太多的细菌会导致池塘生态结构失衡，藻相破坏（多发生在生态系统脆弱的覆膜池，存在过多细菌和藻类竞争营养），溶氧量降低，导致养殖动物出现应激反应，而太少的细菌又不能达到一个很好的效果。

一亩养殖水面投入多少细菌能达到既经济又有效呢？这与产品的细菌活性、配比技术、生产工艺、细菌进入水体后的成活率和繁殖力以及水环境等密切相关。实际经验表明，国内大多数微生物制剂产品每次投放菌数在1 000亿~5 000亿个/亩比较好，而少数国外同类产品每次投放200亿~500亿个/亩就能达到很好的效果。

另外，大部分国内微生物制剂产品说明中的剂量是按水深1米来设定的，这主要考虑到水深增加后会稀释微生物制剂的浓度。其实只要投入菌的活性强，成活率高，萌发能力强，可不必按照水深进行计算，只要池塘有足够的有机物，细菌就能自动繁殖以调整这个差异，但可能需要一段时间才能达到最大的生长量。

⑤定时使用。芽孢杆菌、光合细菌等微生物菌繁殖的周期很短，在几分钟至十几分钟内就繁殖一代，代代相传后，种质就退化，失去应有的功能。为了使养殖全过程都能连续发挥微生物制剂的原有功能，应按产品说明书中的说明，定期使用。一般来说，相间 10~15 天使用一次，到后期相隔时间短些更好。

⑥交替使用。由于各种微生物制剂功能不同，在使用时，应有目的地交替使用。例如，以芽孢杆菌为主菌群的粉状微生物制剂，对改良底质起主要作用，而光合细菌和 EM 菌则对改良水质起主要作用，两者交替使用，达到改良底质、水质且标本兼治的目的，效果很好。

⑦适时使用。光合细菌要一定的光照、水温和水深才能在水中进行光合作用。因此，不要在雨天和阴天使用，应在有阳光的白天使用。光合细菌在水上层效果较好，下层较差。

⑧有针对性地使用。笔者在 2004 年到广东省江门市新会区大鳌镇见到一位虾农的虾塘水色为乳白色，使用光合细菌改变水色透明度，这种方法是不对的。因为光合细菌的作用主要是消除池中的有害物质，要改变水色和透明度应采取换水、施肥等方法，用光合细菌只能是配合使用，不能主次不分。

⑨提高微生物制剂的活性。以芽孢杆菌为主的粉状微生物制剂，在保存期间，以芽孢形式存在。在使用前，应先用虾塘水浸 4~5 小时，使其活化再使用。广东省和广西壮族自治区有许多虾农，在使用微生物制剂时，包括光合细菌和 EM 菌，以每千克加 0.1 千克红糖的比例，加水溶解，与微生物制剂一起浸泡活化，效果更好。

⑩勿与抗生素和杀菌类药物同时使用。抗生素、杀菌消毒药物、杀虫剂

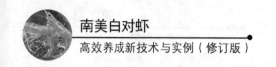

等和具有抗菌作用的中药会杀死微生物菌。因此，在使用时，勿与上述药物同时使用，两者使用时间应相隔 5~7 天，以防止微生物细菌被杀死而失效。

3. 开增氧机

增氧机具有救活养殖生物、曝除废气、增加产量和节约饲料等功能。

开增氧机，可以增加水中的溶解氧，有报道指出，池塘的溶解氧有 13%~17% 由增氧机提供，这当然是指用增氧机养殖的虾塘。氧气不仅是虾呼吸的需要，也是维持对虾正常生理功能和健康生长的必需物质，又是改良水质和底质的必需物质。开增氧机对于防止由于缺氧而产生应激反应起重大作用。这对于大雨、暴雨和台风天气时尤为重要。这是因为，这种天气浮游植物的光合作用大大减弱，供氧量明显减少，而池中底质污物、虾和各种微生物照常耗氧，很容易产生缺氧。

开增氧机要准确掌握好开机和关机的时间，这对于虾的正常生长和节约用电有重大作用。

笔者于 2005 年 5 月 14 日 14:00，在广东省中山市民众镇某虾场，用测氧仪测得虾塘不同水深的溶氧量如表 4-1 所示。

表 4-1　广东省中山市某虾塘不同水深的溶氧量

水深/ 厘米	10	20	30	40	50	60	70	80	90	100	110	120
溶氧量/ （毫克·升$^{-1}$）	7.8	7.8	7.8	7.8	7.2	7.2	6.9	6.6	6.3	4.6	4.3	3.6

当时是晴天，虾塘水深为 1.2 米，水温为 30℃，水色为黄绿色，透明度为 25 厘米。

从上述测定结果可以看出，池中的溶氧量从表层至底层逐渐降低，底层溶氧量还没有表层的 1/2。按照养虾要求，溶氧量应达 4 毫克/升以上，最好是长期在 5 毫克/升以上。即使在白天有阳光，池中浮游植物较多，光合作用比较强烈，底层溶氧量还比较低，这与下层和底层光合作用减弱及底质耗氧有关。

在笔者接触到的虾农中，大部分存在盲目开增氧机的现象。其表现为：没有使用溶解氧测定仪测定溶氧量，不论是炎热的夏天，还是其他季节，虾农宁愿多花钱也开增氧机，这是不对的。这是因为，在夏天，只要水色良好，透明度在 20 厘米，甚至是 30 厘米，池塘溶氧量都比较高，有时达 10 毫克/升。在夏天有阳光的白天，每天 14:00—18:00，溶氧量最高，几乎达到饱和状态。

在测定溶氧量时，也存在方法不对的地方。例如，许多虾农都是买盒装的液体滴定液测定溶氧量，这种仪器测定的溶氧量误差很大，不能准确判断虾塘的溶氧量，更为错误的是，其测定的样品是表层水，不是底层水，这样测定的结果会产生误判。因为虾是底栖生物，主要在底层生活。

要准确掌握池塘溶氧量，做到准时开机和关机，最正确的方法是买一部溶解氧测定仪，每部在 2 500 元左右。

广东省江门市新会区大鳌镇著名养殖户伍先生从 2003 年开始养虾，面积达 600 余亩，连续多年养虾成功率达 97% 以上，他总结出许多养虾的成功经验，其中最重要的经验之一是购买测氧仪，准确测定和掌握每个池塘的溶解氧含量，做到适时开、关增氧机，既保证虾塘有足够的溶解氧，又节约用电 2/3。他的成功经验在当地迅速推广应用，许多虾农尝到了购买测氧仪测定溶氧量、取得养虾成功的甜头，深有体会地说："科学技术是第一生产力是千真万确的真理。"

4. 施增氧剂

开增氧机尽管能为池中增加氧气，但不能彻底解决底层的缺氧问题。解

决这个问题的方法之一是使用增氧剂，它可以及时为底层增氧。

在笔者接触到的虾农中有人反映，江苏省无锡中顺生物技术有限公司研制并获国家专利的"粒粒氧"增氧剂，效果较好。它是以有"固体双氧水"之称的过碳酸钠为主要原料，有效氧含量较以往其他化学增氧剂高。这种增氧剂能快速沉降到水体底部，有效地缓释出分子态的活性氧，从下而上地增加水体的溶氧量，提高水体的氧化还原电位，促进有机物的分解。据称，"粒粒氧"的有效作用时间达6小时以上，可提高水体相应水层的溶氧量在50%以上。广东省珠江三角洲的虾农反映，在养殖冬棚虾时，经常使用"粒粒氧"增氧剂，成功率大大提高，这与增氧剂使用后，增加池中溶氧量有关，这也是养虾成功的重要经验之一，虾农不妨搞一下试验。

5. 施沸石粉

据报道，1千克沸石粉可带进空气10万毫升，相当于2 100毫升氧气。它们可以微气泡放出，增氧效果很好。沸石粉还有吸附异物、改良底质的作用。使用方法是全池均匀地干撒，不要加入其他液体进行湿法增氧。因为湿法会使沸石粉内的空气溢出，影响养殖效果。用量为每次每亩20~30千克。

6. 排污、吸污

排污主要是指高位池。高位池主要由黑色的专用养殖塑料薄膜铺底或用水泥沙铺底。在建造高位池时，池底呈锅底状。当启动增氧机后，污物会集中到池中央。中央排污孔与排污管相连，当拉开排污闸门时，污物则通过排污孔排出池外。排污时排出的都是黑色污染物。当出现水清时，放下排水闸门，停止排污。

广西壮族自治区北海市有些虾农在普通的精养泥底虾塘进行吸污，每天或隔一天吸一次，也吸出许多污物，养虾成功率大增，效果也不错。

第七节　设增氧机

氧气是虾生存的物质基础。设增氧机可以提高水体利用率，是高产高效的必备条件，是增加收入的主要途径之一，也是防病治病的措施之一。凡有条件的养殖户，都应安装增氧机，而且应尽可能多地安装，不管池塘大小，均应安装两部以上的增氧机。设增氧机是发展方向，凡养虾发达的地区均安装增氧机。高位池均应高密度安装增氧机。

一、增氧机的功能

1. 救活养殖生物

增氧机通过各种形式，使空气中的氧气溶解到水中，增加水中的氧气含量，及时解除养殖生物缺氧，救活养殖生物。据报道，每千瓦叶轮式增氧机，每小时可向水中增氧 1.8 千克以上，足够 8 吨鱼呼吸 1 小时之用。

2. 增产

增氧机的叶轮或其他方式搅拌水体，能将 2~3 米的底层水与池面水对流，能把底层的营养盐换送到表层，把表层的高氧水送到底层，均匀了水质，促进浮游生物的生长，提高池塘初级生产力，促进养殖生物的快速生长，从而提高产量。

3. 曝除废气

池塘污泥与池水在厌氧和氧化还原过程中，会产生一些有毒气体，例如氨气、二氧化碳、一氧化碳、硫化氢等，这些废气会引起养殖生物中毒、浮

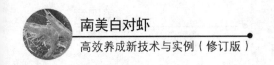
头，甚至死亡。增氧机的搅动水体功能，能够曝除这些废气的超饱和部分，改善水质，使养殖生物转危为安。

4. 节约饲料

水生养殖生物，例如鱼、虾都是变温动物。在不同的温度和溶氧量时，饲料报酬是一个变数。在适温和高氧时，饲料报酬最高，饲料系数最低，也就是消耗少，长得快。低溶氧量和高溶氧量时，饲料报酬要差1倍至几倍。

5. 防病治病

增氧机能在平时和必要时提供足够的氧气，对防病治病起重要作用。大量的事实表明，虾塘水质的恶化，虾病的发生，往往是由缺氧引起的。例如，在大雨、暴雨、连续的阴雨天、台风等恶劣天气，虾最容易发病，其重要原因之一，是这个时候浮游植物的光合作用条件差，产生的氧气少，使虾产生应激反应，导致虾发病。在这种不良环境下，若有增氧机增氧，保持虾塘有足够的溶解氧，虾就不容易发病。又例如，到养殖后期，虾生长旺盛，耗氧量大，能及时开增氧机，虾正常生长。如果在这个时候，由于种种原因不能及时开增氧机而产生缺氧，虾便会浮头而死亡。

增氧机还有调节水温、将污物旋转到池中心并通过管道把污物排出池外等功能。

二、增氧机的类型

1. 叶轮式增氧机

这种增氧机有提水功能，可以用于深水大池增氧，是一种适用于深水池塘的增氧机。

2. 水车式增氧机

这种增氧机有推水功能,能使水体产生流动,对改良水质环境起重要作用。这种增氧机在较浅水塘使用。

许多虾农反映,在一个塘内同时安装叶轮式增氧机和水车式增氧机比安装同一种增氧机效果要好得多。

3. 充氧式增氧机

这种增氧机一般用罗茨鼓风机、高压离心鼓风机为气源,向水体充气增氧。

4. 潜水式增氧机

这种增氧机增氧量比普通增氧机增氧量大 8 倍以上。它的出气口安装在水下,氧气全部溶在水中,不浪费能源。这种增氧机原来从意大利进口,现在广东省珠海市已大量生产。建议经济条件好的养殖户使用这种增氧机。

5. 箱式管道增氧机

这种增氧机是近年来研制的新产品。使用安全、方便,效果好,节约电力。据悉这种增氧机有 160~370 瓦不等。它是通过管道增氧,即在池塘中每隔 2 米左右铺一条管道,管道是塑料管,这种塑料管功能独特,能出气而水不能渗入,出气很均匀,池塘每个角落都有氧气供给,对虾的生长非常有利。这种箱式管道增氧机可以安装在室内,声音也很小,方便保养。

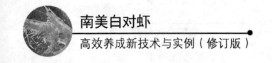

三、增氧机的使用方法

1. 晴天中午开机

晴天阳光充足，浮游植物的光合作用旺盛，水体中、上层溶解氧达饱和状态，而下层耗氧因子多，特别是底质，极易产生缺氧，由于热阻力的影响，无法及时使上、下水层混合。这时开机，搅动水体，及时把上层水中过饱和氧输送到下层去，以增加底层含氧量，从根本上改善上、下层的溶解氧条件。由于上、下层水混合，又能把下层水丰富的无机盐类带到上层，为上层浮游植物提供营养，加速光合作用，从而提供更丰富的氧气，维持水体的生态平衡。

2. 阴天、雨天开机

阴天、雨天，特别是暴雨和特大暴雨时应及时开机。阴天和雨天，阳光减弱，浮游植物的光合作用大大减弱，供氧明显下降。而耗氧因子很多，池中溶氧条件差，极易引起浮头或应激反应。这时及时开机、补充氧气，对虾的正常生长起重要作用。

3. 台风前夕和台风期间开机

在广东、广西、海南、福建、浙江、上海和江苏等省、自治区、直辖市，几乎每年都有几次台风或低压登陆的影响。在每次台风到来之前，特别是强台风到来之前，气压特别低，虾很容易浮头，这是明显缺氧的结果。台风期间，没有阳光，光合作用大大减弱，供氧减少，也容易缺氧。因此，在气压明显降低和特别闷热时，应及时开机。

4. 夜里开机

在夜间，特别是深夜至凌晨，浮游植物不仅不能进行光合作用增加氧气，反而吸收氧气，从而降低池塘含氧量，很容易缺氧，此时应及时开机。

5. 在生长旺季经常开机

氧气是虾生长的物质基础，除直接影响吸收外，还影响虾的摄食、新陈代谢和饲料比率。虾在生长旺季，各种因素都非常适宜对虾生长，代谢旺盛。在氧气充足的条件下，饲料转换率、回报率都比低氧时高，生长迅速，耗氧增加。此时经常开机，经济效益明显提高。

有些虾农存在盲目开、关机的现象：一是在溶解氧充足时开机，浪费电力；二是在缺氧时不开机，怕多用电，成本增加。这两种做法都是不对的。

养虾是高风险产业，其风险主要表现在容易发病，而一旦发病，又不容易治好。面对这种现实，必须保证有充足的溶解氧，缺氧是虾发病的首要因素。在处理防病和增大用电成本两者之间的矛盾时，应以防病为主，兼顾节约用电。同时又必须注意到的是，在水色和透明度都良好的前提下，在有阳光普照的白天，特别是 12:00—17:00，池中的溶解氧都处在饱和状态，不必开机。有些虾农以为闷热容易缺氧，这也不科学。为了准确掌握开、关机时间，最佳的方法是买一部测氧仪，每部 2 500 多元，随时可准确测定溶解氧含量。当掌握到虾塘溶解氧每天的变化规律后，不必每时每刻都使用测氧仪测定，也能掌握好增氧机的开、关时间。

第八节　投放优质虾苗

有人在总结养殖对虾经验时总结出三句话：底质不好不进水，水质不好

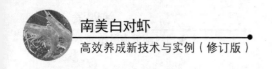

不放苗，虾苗不好不养殖。这三句话，分别说明了底质、水质和虾苗在对虾养殖中的重要性。

虾苗是对虾养殖的基础，它是对虾养殖高产高效的保证，也是养虾成败的关键性环节，为此，必须做好虾苗各个环节的工作。

一、购买优质虾苗

虾苗质量基本由三个方面决定：一是亲虾的品种；二是育苗期间的营养供应；三是育苗所采用的方式方法，其中品种方面占60%，营养和育苗方法各占20%。这三个方面基本可以决定种苗的优劣。

目前南美白对虾亲虾来源包括进口亲虾和国内养殖的亲虾。国内养殖的亲虾是多少代，一下子也说不清楚，如果以我国从1988年引进南美白对虾育苗和养殖时间来看，已有20余年，如果以每年为一代计，已有20余代。国内亲虾一般需要养殖9个月，在每500克为60~70尾时挑选合格的亲虾进入车间养殖2个月。据悉，也有部分虾苗场直接从养殖户手中购买个体大的虾做备选亲虾。据2010年有关报道称，进口亲虾每对为700~750元。

南美白对虾属于具有开放型纳精囊的多次产卵虾种。在自然条件下，雌虾仅产卵3~5次。但在人工繁殖条件下，由于采取烫切眼柄的方法促进雌虾腺成熟、产卵，雌虾的生殖规律遭到破坏，卵原细胞超常规成熟（再成熟周期短），雌虾变成了产卵"机器"。自性腺成熟第一次产卵后，平均3~5天即可重复产卵一次，连续产卵15~20次。也就是说，卵原细胞从形成、成熟到产卵，仅仅需要3~5天的时间。而在人工条件下，投喂的亲虾饲料（如沙蚕、牡蛎肉）是无法满足亲虾性腺在短时间内发育成熟所需的全部营养成分的。这必然会造成卵原细胞营养积累不足并提前衰老，导致孵化出来的无节幼体有相当一部分属"先天不足"，质量差，个体小；同时也形成虾苗和对虾养成后大小不均、参差不齐的结果。

目前虾苗质量下降，也与育苗场喂虾苗所用饲料有关。按照虾苗培育的营养需求，应投丰年虫，但由于虾苗价格低（例如有的年份，每万尾虾苗低至 10 元或更低），虾苗场为了保本或少亏损，不用丰年虫，因为丰年虫价格较高。本来应该用丰年虫而改用价格较低的虾片之类，致使虾苗幼体的生长发育也因此受影响，活力减弱。同一期幼体完全变态时间常常拖延 2～3 天（正常时间为 12 小时内）。同一池 0.5～0.6 厘米虾苗中仍有 10%～30% 的糠虾幼体，导致生产者购买该虾苗养殖后，只有 20%～30% 的成活率（正常虾苗成活率为 60%～80%）。

南美白对虾虾苗质量下降也与育苗方式方法有关。有些虾苗场为了追求经济效益，用超过规范的高温育苗。此外，有些虾苗场在育苗时，不顾养殖效果，惯用抗生素等药物防治细菌性疾病。由于抗生素存在药效长、残留大、易产生抗药性等原因，育苗中使用抗生素的量越用越大，品种也越用越多，常常用几种抗生素混合使用，这严重损伤了种苗的造血器官、消化系统、排泄系统，造成了对虾养成过程中按常规方法和药量无法控制细菌疾病，影响了对虾正常生长，降低了对虾抗应激能力，甚至影响到商品虾的出口。

南美白对虾虾苗质量下降是客观存在的事实，在短期内改变是不可能的。但从全球到我国南美白对虾养殖实际情况来看，即使虾苗质量下降，也能继续养殖。同时，由于虾苗场的竞争异常激烈，绝大多数虾苗场也都重视质量问题。也由于竞争的原因，虾苗价格逐年下降，这对虾农来说，可以降低养殖成本，也是一件好事。养殖户应大胆继续养殖南美白对虾。只要养殖成功，效益还是较高的。

近年来在南美白对虾虾苗市场上出现了两个新名词：一代苗和二代苗，或称进口苗、普通优质苗。这也许是商业原因所致。

事实上，进口苗、普通优质苗只是人为的定义和区别，进口苗和普通优质苗究其本质，一方面和亲虾有关，另一方面与日常管理也有很大关系，即

使亲虾是进口，如果不给亲虾和幼体足够的营养，也无法获得质量好的进口一代苗。相反，如果以进口苗的标准去培育普通优质苗，那么虾苗的质量未必比进口苗差。

广东省的《南方农村报》2003年第7期曾报道："虾农反映意见最大、最集中的是进口苗。相当一部分投放'进口苗'的虾农反映，'进口苗'发病率高，死亡率高，即使不发病，也养不大。据湛江市海洋与渔业局的调查，吴川市、东海岛试验区2003年放养的'进口苗'的虾塘发病率普遍在80%以上，而本地苗发病率普遍在60%左右，死亡率为20%～30%，远低于'进口苗'。"报道还指出，"进口苗"发病时间比本地苗早，"湛江虾苗死得那么惨烈，大规模几乎全军覆没，特别是进口苗死亡率接近100%，确实罕见"。

这里所指的"进口苗"，是指虾苗场自己用来孵化南美白对虾的亲虾，是从外国购买的第一代亲虾。育出的虾苗质量高，价格比本地苗高出好几倍。例如，本地苗每万尾30～50元，而"进口苗"则为每万尾160元以上，这是2003年湛江市南美白对虾虾苗的价格。有报道指出，广东省湛江市南美白对虾虾苗的价格是：一代苗138元/万尾，二代苗75元/万尾。在广东省中山市2010年南美白对虾虾苗的价格是：一代苗180元/万尾，二代苗130元/万尾，普通苗50元/万尾。

面对目前南美白对虾虾苗的一代苗、二代苗、普通苗等混乱现状，作为养殖户，应该有清醒的头脑，以科学分析的方法，多做试验工作，努力使养殖成功。

首先，要树立购买优质虾苗的思想。虾苗质量的好坏，决定了养虾的成败和经济效益。在购买时，首先想到的是效益，其次才是价格。优质虾苗体表干净，虾苗肌肉饱满，肉眼可看见腹部肌肉和整个肠道，游泳活泼，个体整齐，对外界刺激反应灵敏。

不健康虾苗体色异常，在同一池的虾苗中有黄色、浅黄色、白色或红色出现。出现这些症状的虾苗虽然没有死亡，但已正在发病，绝不能购买。

其次要注意购买方法，即在买虾苗时，尽量就近买苗，而且应寻找有信誉、较熟悉的虾苗场购买。笔者2004年在广西壮族自治区东兴市认识一位浙江籍的陶先生，他有非常成功的买虾苗经验，值得借鉴。

他首先在自己养殖场的附近选择一个有信誉的虾苗场，并与该虾苗场签订有关协议，协议除规定虾苗规格、出苗时间等有关事宜外，明确说明，虾苗场育虾苗时，必须用丰年虫培育虾苗，而陶先生则以每万尾比市场价高10元的价格给虾苗场，长期合作，双方都得益。例如，陶先生在2004年每亩放南美白对虾虾苗3.5万尾，养殖35天时，体长达8厘米，养殖110天时，每千克52尾，到8月份卖虾时，在价格较低的情况下，仍能卖到26.4元/千克，每亩一茬纯利润达8 000元以上，这与他买优质虾苗有关。

再次是亲自买苗。这对于广大养殖户来说，是非常重要的一个环节，特别是首次养虾的养殖户。

到买虾苗时，应提前2~3天到虾苗场查看要购买的虾苗。当看准某池苗准备购买时，要虾苗场有关人员捞池底虾苗观看，因为池底虾苗最准确地反映虾苗池的实际情况。虾苗发病或出现异常情况，首先反映在池底虾苗。池底虾苗若健康，表明全池虾苗健康，可以放心购买。

在广东省珠江三角洲地区，部分虾农中流传着一种怪论，就是以地区确定虾苗质量，而且对各地虾苗的反映不一。例如，有的虾农说湛江虾苗好，就买湛江苗；有的说海南虾苗好，就买海南苗；又有的说福建虾苗好，又买福建苗……其实这些议论都没有科学依据。但由于这些观念的影响，许多珠江三角洲的虾农，不畏路遥，买回上述地区的虾苗。但买回来的这些虾苗，并不一定就优质。因为路远，加上怕麻烦，通常虾农都不一定到虾苗场亲自看虾苗，而是通过中间商购买。而中间商是做生意的，为避免上当受骗，虾农一定要提高警惕。笔者不赞成采用这种交易方式。

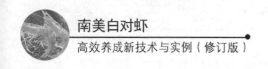
应当承认，目前我国南美白对虾育苗技术已相当成熟，育苗技术基本普及。从事育苗的技术人员素质也不断提高。市场经济规律决定苗场必须育出优质虾苗，保质保量供应养殖户。可见，就近买苗比买遥远地区的苗好。

此外，在一些虾农中存在一种贪便宜、买低价苗的现象。这个现象往往表现在经济较困难或知识水平较低的虾农中。他们往往为每万尾少5元或10元而买劣质苗。笔者2005年在广东省中山市遇到一位买劣质虾苗的虾农，他反映因贪图每万尾虾苗能省10元而买到了劣质虾苗，结果成活率只有20%左右，损失惨重，表示以后再也不敢买劣质虾苗了。

二、调节盐度

南美白对虾的养殖是在有盐度的海区，随着科学的进步，在没有盐度的纯淡水区，通过买海水、浓缩海水、海水晶或纯盐等形式，改变纯淡水的盐度也能进行养殖，这叫调节盐度。而对于水域有盐度的地区，只能是控制，没有办法，也没有必要调节盐度。

大量的实践表明，调节盐度为5时，既可以满足南美白对虾养殖，又可以节约成本。

在不同地区之间，虾农对盐度和相对密度两者之间的换算和表达方式不同，为了方便虾农准确表达盐度，特将其换算公式列出。

在不同温度下，海水相对密度（用比重计测定）与盐度计算公式如下：

水温高于17.5℃时，

$$S = 1\,305\,(相对密度-1) + (t-17.5) \times 0.3;$$

水温低于17.5℃时，

$$S = 1\,305\,(相对密度-1) + (17.5-t) \times 0.2。$$

S为盐度；t为水温，单位为℃。

有条件的地区在调节盐度时，最好用高盐海水（盐度在34以上）、浓缩海水，这些海水更有利于对虾生长。在珠江三角洲地区，有专门供应海水的船或车，很方便。在远离海区的地区，由于运费太贵，只好用海水代用品，但养殖效果也不错。

通常用海水、浓缩海水调节盐度时，每亩成本在 100~200 元之间，但有的虾农缺乏调节盐度的基本知识，费用较高，达每亩 1 000 元以上，时间也较长。例如，有些地区用打井取水的方式调节盐度。在调节盐度时，不建标粗池（淡化池），而是把全池养殖的水体淡化，所需的海水大大增加。例如，若建标粗池的面积为全池面积的 1/30~1/10 不等，则所需海水增加 9~29 倍，如果建标粗池所用海水费用为 200 元/亩，则用全池塘水淡化费用增加 1 800~5 800 元/亩。此外，由于多抽井水，所需时间也大大增加，在广东省江门市新会区发现，有些虾农用井水调节一个 10 亩塘的盐度时，往往花 10 天的时间，甚至更多时间。若在养殖季节，耽误 10 天的养殖时间损失也很大。例如，养殖一茬南美白对虾需 80 天可养成商品虾，若以每亩产量为 400 千克，每千克 20 元、每千克成本 13 元计，则每千克利润为 7 元，平均每亩每天利润为 35 元。若养殖 20 亩，则每天损失 700 元。由此可见，不懂得调节盐度，会导致巨大的经济损失。

调节盐度的最好方法是在虾塘的一角，取 1/10~1/30 的面积建标粗池，标粗池用竹竿、塑料薄膜或七色塑料膜建成，建成后，在一处开一个 10 平方厘米左右的小孔，小孔用 30~40 目网纱缝上，目的是在开始淡化时进行水交换，而虾苗不能进出。此外要安装小型的育苗池用增氧泵、气石、气管等，以便在放完虾苗后增氧用。

标粗池建完后即可以放虾苗。放虾苗密度最大可达每立方米水体 10 万尾，当然尽可能降低密度，这有利于虾苗生长和淡化。

放完虾苗后 2~3 天，待其适应标粗池的环境后，用小水泵把养殖大塘的水抽到标粗池内，让标粗池内盐度逐渐降低，一般经过 5~10 天的淡化，即

可以完成淡化过程。当标粗池的盐度与大塘养殖池的盐度接近或相同时，即可拆除标粗池，让虾苗游到大塘养殖。拆标粗池时，不要一下子把标粗池塑料薄膜拉开，而应逐渐拉开。

三、试水

试水是指在放下苗前，把虾苗场培育的虾苗拿回养殖池或标粗池，试验虾苗生长状况和水质状况，当然在试水前，要使养殖池或标粗池的盐度与育苗场所给的盐度相同或相近，按规范盐度差不超过 5，当然能做到接近或相同最好。试验的结果，若在 24 小时内或更长时间生长正常，则可以放苗。

试水可采取两种方式进行。一是在养殖池或标粗池内建一个 0.5 米×0.5 米×1.0 米的网箱，网目要在 40 目以上。二是用一个大盆，放少许虾苗，放苗密度尽可能疏。

如果育苗池与养殖池距离很远，例如相隔几百千米，甚至是上千千米需要空运，取虾苗试水则不现实，则可在当地取些小鱼虾试水，一样能取得相同效果。

四、淡化

这里所述的淡化，与上述的淡化不同。这里所指的淡化，是对育苗场而言，与养殖户无关。即虾农的虾塘或标粗池放虾苗工作准备好后，例如，毒塘（清塘）、肥水等，虾农在买苗时，育苗场根据自己虾塘或标粗池所属育苗池的盐度与虾农所述的盐度差进行淡化。因为虾苗场所育虾苗，都是在 28 以上的高盐海水育苗。所育出的虾苗卖给不同的虾农，而虾农所处的地区不同，有的在沿海的高盐区，有的在河口的低盐区，更有的在纯淡水地区。

虾苗场淡化时，应按规范进行淡化，每天降低的盐度不能超过 5。

有些虾农，特别初次养殖对虾的虾农，不懂得淡化的基本知识，随便到虾苗场买虾苗，结果放到自己的虾塘，虾苗全部死亡，损失惨重。

五、放苗密度

放苗密度与养殖模式、养殖条件、养殖环境与管理水平等有关。

高位池养殖条件好，设施齐全，管理水平也高，放苗密度比一般精养池高。高位池一般每亩放苗 10 万尾以上，据报道，最高每亩达 40 万尾。

如果是普通的养殖池，水深 1.5 米左右，没有安装增氧机，每亩放苗 1.5 万~2.0 万尾。

如果精养虾塘的水深为 1.5 米左右，每 5 亩左右安装一部增氧机，每亩放苗 5 万~6 万尾较适合。

养殖南美白对虾在不同地区放苗密度有较大差别，其中以广西壮族自治区和广东省珠江三角洲地区最为明显。例如，在广西壮族自治区，一般的精养虾塘每亩放苗 3 万~5 万尾；在广东省珠江三角洲，则每亩放 8 万~10 万尾。

大量实践表明，放疏苗的广西壮族自治区比放密苗的珠江三角洲地区效益好，理由如下。

1. 降低风险

对虾养殖是高风险产业，必须把安全养殖放在第一位。

在养殖条件相同的情况下，对虾的生长速度与放苗密度成反比，即放苗密度越大，生长速度越慢。例如，广东省珠江三角洲地区养殖的南美白对虾，若每亩放苗 10 万尾，养殖到每千克 120 尾（可达上市规格），通常需要 80 天左右；而广西壮族自治区，以每亩放 5 万尾计，养殖到上述相同规格，只需要 60 天左右，两者相差 20 天。养虾的最大特点之一是，每多一天，就多一天风险。多养殖 20 天，就意味着多 20 天的风险。

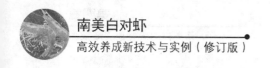

2. 提高经济效益

提高经济效益表现在两个方面：一是在较短时间内把虾养殖达到上市规格，虾若达到上市规格则意味着没有风险，或风险大大降低。因为虾达到上市规格后，若有病，可立即卖掉，成本很低，也能赚钱。例如，在一般精养虾塘，60 天能养殖到每千克 120 尾，每千克也能卖到 14 元，而成本仅为 8 元，每千克盈利 6 元，若每亩产虾 300 千克，一亩一茬则盈利 1 800 元。但从广西壮族自治区养殖疏苗的虾农看，虾很少发病；二是容易养成大规格虾，卖到好价钱。由于疏苗虾不容易发病，可以继续把虾养殖到每千克 100 尾、80 尾、60 尾，甚至 40 尾。广西壮族自治区北海市竹林镇虾农一般每亩放苗 3 万尾，养殖 110 天左右，每千克达 40 尾左右，在 2004 年下半年，每千克 40 元，而每亩产量达 200~300 千克，仅一茬利润为 7 000~9 000 元。

3. 节约成本

以广东省珠海市斗门区虾农平均每亩放虾苗 12 万尾，而广西壮族自治区以平均每亩放苗 5 万尾计，两者相差 7 万尾，若以全年平均普通虾苗每万尾为 50 元计，每亩虾苗款相差 350 元，若一般的虾农养殖 20 亩，一茬相差 7 000 元，全年一般养殖两茬，广西壮族自治区虾农则比珠江三角洲虾农节约 1.4 万元，这对于还不算富裕的广大虾农来说，是个大收入。

4. 减少污染，防止发病

虾的排泄物是造成底质污染的重要原因之一，少放苗，排泄物会减少，底质污染机会少，水质更加良好，更容易防止虾病的发生。

六、放苗时间

放苗时间应以达到最佳的养殖效果为原则。对于南美白对虾对温度的适应有不同报道。例如，有报道指出，"能在水温6~40℃的水域中存活，生存水温为15~38℃，最适生长水温为22~35℃"。也有报道指出，"最适生长水温为23~32℃，生存水温为9~47℃，15℃停止摄食，8℃开始死亡"。近年来笔者听到虾农反映，当水温达到12℃时，也有死亡现象。

从理论上讲，当水温稳定在18℃以上时，可以放虾苗，起码不会冻死。

何时放虾苗，主要由温度决定，但由于各地的温度变化不同，应把温度与本地区实际情况结合起来，决定放苗时间。例如，在华南地区，一年可养殖两茬，在海南地区甚至可养殖三茬，而在华东地区，基本上只能养殖一茬。为此，在保证虾苗安全的前提下，安排放苗时间，如果单纯从水温来说，以水温稳定在22℃以上最好。如果有保温设备，时间又不同。

以广东省、广西壮族自治区和海南省的许多实践来看，达到18℃以上时，可以放虾苗。但在这个温度放苗效果不好，因这时放的苗，养殖30~50天，刚好在4—5月份，这时正是雨季。每年在这个时候虾最容易发病，有的地区发病率达90%以上。广西壮族自治区许多虾农经过总结经验后，都把放虾苗的时间放在4月15日以后，甚至在5月初才放苗，这样可以避开4—5月份的多发病季节，而这个时候已经由东北季风转为西南季风，水温也稳定在24℃以上，这正好步入南美白对虾最佳生长温度。

放苗时间除了应避开容易发病的季节外，也应考虑养出来的虾能卖到好价钱。例如，在上述地区，每年的11月份以后，虾价逐渐升高，直至翌年5月份。在这段时间里，非冬棚虾既要做到虾不被冻死，又能卖到好价钱，应将全年养殖时间统筹安排，通常以上三个地区在8月15日至9月初放下的虾苗，经济效益较好。

利用冬棚养殖成虾和标粗虾苗的虾塘，放苗时间也很讲究科学性。例如，在前面所述的三个地区，在每年的10月份和12月上旬放苗的虾塘，经济效益是最好的。因为在这两个时间段放下的虾苗，上市时都是虾最少的季节，

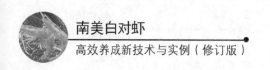
价钱最高，有时每千克 100 尾的虾，能卖到每千克 40 元以上，每亩一茬纯利润达 10 000 元以上。

在这里要特别提醒虾农的是，放虾苗时间必须考虑特殊天气。例如，2010 年 4 月份，是全国 49 年一遇的低温，全国年平均气温为 8.7℃，在广州 4 月 15 日也创下 50 年来同期最低气温，达 10.8℃。出现这样低的温度，虽然时间不长，但对虾的生长与安全均危害极大，如果在 3 月上旬下苗，是很危险的。

七、计数

计数是在保证虾苗质量的前提下，保证数量的重要措施之一，也是保证产量和经济效益的重要步骤。每个养殖户都必须学会这门技术。计数表面看非常简单，但不学会这门技术，也可能会吃大亏，损失惨重。

计数是采用随机抽样的方法进行，这是最合理、最公平、买卖双方都能接受的方法。

虾苗场在包装虾苗时，通常采用干法包装。即先在虾苗袋内装上适宜的海水，然后用滤水的勺把虾苗按等量装到虾苗袋内。凡有信誉的虾苗场，在装袋时都尽力做到均匀，工作很认真。

装虾苗时，袋子都按顺序排列好，并由双方商定每袋的序号。然后买卖双方各自写出一个数字，这个数字相加之和，就是要抽取的计数袋号。当然各方所写的数目只有自己知道，都是保密的，一般不可能随意去选择某特定袋号，这是公平所在。双方数字写好后，立即公开相加，相加之和即为某特定抽样计数的虾苗袋。例如，买方的数字是 90，卖方的数字是 21，和是 111，则第 111 袋就是要计数的袋数。如果总共装袋的虾苗是 100 袋，则重复数第二次。

决定计数的虾苗袋选好后，从这个时候起，买虾苗一方，即养殖户，有权利、也必须亲自拿着这袋虾苗，并亲自检查所有计数用具（例如，盆、碗和水桶等）是否掺有虾苗。在把虾苗倒进盆或水桶中时，认真检查盆或水桶中是否掺有虾苗。

计数时，一般抽取虾苗袋的 1/10 计数。因为一袋虾苗通常有 1 万~3 万，如果全部逐尾计数，要花 1~2 小时，甚至更长时间，也没有必要。在分为 10 等份后，也由双方商量，用随机抽取法，抽出其中一份计数。抽出这份后，买方要亲自拿起这份计数，绝不能由卖方拿着，否则容易作弊。

开始计数时，一般由买卖双方各派出两人进行，卖方负责计数和记录，买方的两个人分别监督计数和记录。参加计数工作的人员，工作必须认真负责，绝不能有不纯动机。计数时通常用白碗计数。计数时速度要慢些，让监督者看得清楚。如果速度太快，把刚数完并有争议的虾苗倒进已数过部分中，就很难仲裁。出现这种情况时，如果经协商能解决最好。如果双方之中有一方不让步，坚持己见，那只好重新计数。这种情况若发生在开始时，或所计数量不多时，还好办些。如果这种情况发生在最后阶段，或几乎结束时，就很麻烦，如果重数，又要花 1 小时左右，不重数，双方又没有商量余地，最后的结果是双方不高兴，也不友好，并由此可能引起其他方面的不良后果。这方面的例子在 20 世纪 90 年代的广东省发生过，应吸取教训。

计完数后，买卖双方应立即现场整理记录的资料。买方应建议卖方在所记录的下方画一条线，防止卖方作弊。

目前全国南美白对虾育苗场众多，技术不断成熟，市场也逐渐成熟，绝大多数虾苗场都是讲信誉的，但也存在少数不良虾苗场欺骗养殖户的现象。为此，作为养殖户必须学会计算虾苗的基本知识和方法，并到有信誉的虾苗场买虾苗。只要虾苗质量好，价格稍贵些，也不要紧。但如果到没有信誉的虾苗场买虾苗，他们总是挖空心思欺骗虾农，其手段也是五花八门，防不胜防。对于广大虾农，学会计数的基本知识以防止上当受骗尤为重要。

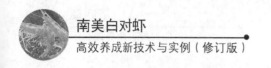
在这里应特别提醒养殖户的是，凡购买虾苗千万别和虾苗场或推销虾苗的人员估数（不经清点虾苗地估计数目），估数的结果注定是买虾苗一方吃亏。因为虾苗场和推销人员对虾苗袋内数量清楚。估数的结果若低于实际数量时，卖方是不可能接受的。例如，虾苗袋内实际数是 1 万尾，虾苗场人员开出数目可能是 2 万尾，而虾农回价时可能是 1.2 万或 1.3 万。当虾苗场知道买方上钩时，减少到 1.8 万或 1.6 万，这时买方见卖方让步，可能回价 1.4 万或 1.5 万。这时卖方答应成交，结果买方吃亏 0.4 万~0.5 万。如果是买 100 袋，则亏 40 万~50 万苗，若每万尾 50 元，则买方损失 2 000~2 500 元。为此，虾农在买虾苗时千万不要估数，更不要相信他们的花言巧语，否则要上大当、吃大亏，经济损失惨重，更影响生产安排。

另外，在这里也应引起警惕的是，推销虾苗的中间商经常以比市场低的价格到虾塘推销虾苗，对这种经销方式，虾农应拒之门外。互不相识或通过熟人介绍相识，中间商到塘头推销虾苗总是有原因的，其中质量是最不让人放心的。例如，袋内虾苗淡化状况不清楚，是按规范淡化或违章淡化不清楚，这会影响虾苗质量。此外，袋内虾苗质量也一下子难以辨别。广东省中山市某养殖户就曾贪便宜买到这样的虾苗，放到虾塘不久，全部死亡，这应引以为鉴。

八、运输

运输虾苗应做好如下几项工作：

1. 就近运输，减少风险，提高虾苗成活率

买虾苗工作应与运输虾苗工作结合起来统筹考虑。就近运输可以提高虾苗成活率。

南美白对虾虾苗在饥饿情况下，互相残杀的现象非常严重。笔者在 2002

年做过一次这样的观察试验：用一个包装虾苗的塑料袋装上 300～500 尾全长为 1.0 厘米的刚出苗的虾苗放在室内观察，室内水温为 26℃ 左右，每天观察几次，连续观察 24 天，结果发现，袋内虾苗越来越少，约为 80 尾左右，个体却越来越大，亲眼看见虾苗互相残杀的情况，都是大个体虾苗咬住小个体虾苗尾巴，逐个吃掉，互相残杀的现象十分严重。同时也可以看出，南美白对虾生命力极强。在 24 天的观察中，虾苗袋原封不动，它能靠袋内仅存的氧气长时间生存，并看不到虾屎，表明虾屎已被虾苗吃光。另外，还有一个现象就是，在虾苗场买虾苗时刚计过数，但经过运输，特别经过 10 小时以上的长途运输后，到虾塘重新计数时，虾苗一袋少几百尾或更多，有的虾农认为是计数不准，或虾苗场欺骗他们，事实上这是误解。虾苗到虾塘后数量比虾苗场时少，正是运输期间互相残杀的结果，因此，必须尽可能缩短运输时间，以提高虾苗成活率。

2. 运输工具要安全、快速

现在运输虾苗基本上是虾农自己负责运输。运输基本上通过汽车，所以汽车的性能要好、速度要快，自己有车最好，自己没有车，应使用性能好、速度快的汽车，宁愿多花些运输费。

3. 中途尽力减少运输时间

如上所述，运输时间越短，成活率越高，在运输途中时间若较长，尽量不要停车吃饭，买盒饭或面包之类在车上吃，有高速尽量走高速，不要因为高速多收费而走远路，从而因小失大。

九、放苗

放虾苗时应做好如下工作：

1. 在安全的前提下，虾塘水位越高越好

对虾生长速度与密度成反比，即在放苗密度相同的情况下，水体越大，生长速度越快。例如，每亩放苗 5 万尾，水深 100 厘米比 50 厘米的生长速度快 1 倍。在许多地区和许多虾农有一种错误认识，就是放虾苗时，虾苗很小，耗氧少，吃东西也不多，水深没必要那么深。实践证明，面积相同时，水越深，虾苗生长越快，这与水深时空间大、氧气足、饵料生物丰富、生长环境好有密切关系。

2. 一次性放足虾苗

在放虾苗时，要把买虾苗中可能损失的虾苗充分计算好。例如，长途运输，特别是空运，从出虾苗的时间开始，到把虾苗放下塘，有时达 10 小时，甚至更长时间。在这段时间内，虾苗因饥饿而互相残杀，会损失部分虾苗。因此，原计划放在池塘中养殖 5 万尾/亩，在买虾苗应多于 5 万尾/亩，至于多多少，由运输或其他因素的损失而定。

3. 放苗地点应选择在上风一侧

放虾苗时可能有风，为避免放虾苗时虾苗被风吹到堤边，放苗地点应选择在上风一侧，即在放苗时，风从背面吹来。如果放苗地点在虾塘一角，应用三条竹竿，围成一个三角形的放苗区，即两条竹竿分别插入地竖起，另一条横跨这两条竹竿横放，以防止虾苗袋放入池塘浸泡时被风吹到塘中，给放苗带来不便。

4. 浸水、测温

虾苗运到塘头后，把虾苗袋放在设定的放苗地点浸泡 30 分钟左右，然后用水温计测定虾苗袋内水温与池塘水温，当两者水温相近或相同时，即可放苗。两者温差不能超过2℃。

5. 放苗

放虾苗时，先把袋口解开，让池塘水慢慢流入虾苗袋内，然后轻轻提起袋角，让虾苗自由游入虾塘，这个动作重复几次。

健康的虾苗放入虾塘后，立即潜入水中，不见踪影。如果是不正常虾苗，会浮头游塘，遇到这种情况，要检查成活率，并作好补苗的准备。

十、虾苗标粗

虾苗是否标粗，基本上由以下三种情况决定：

1. 混养

有的地区，例如广东省、广西壮族自治区等地，南美白对虾、斑节对虾与锯缘青蟹进行混养。在放虾苗前，先在池塘中央或一角，建一个面积不等的标粗池，标粗池可用渔网或网纱建成，以不让虾苗游出为原则。标粗池内要进行毒塘（清塘）、肥水等常规工作。所有准备工作都准备好以后即可以放苗，放苗后再标粗1个月左右，即可以将标粗池拆除。

2. 暂养标粗

在一些地区，例如在华南地区，一年可养殖2~3茬。在养殖池塘还不适宜放苗养殖时，将一个虾塘搭保温棚，在保温棚先放苗标粗，待养殖池塘适宜养殖时，将虾苗移至养殖池养殖。这种标粗方法效果很好。一是虾苗在未放入养殖池时，虾苗已长到2~3厘米，可缩短养殖时间。当虾养至上市规格时，价格也较高，经济效益十分显著，有条件的地区应采用这种方法标粗；

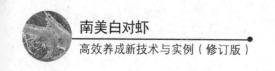

二是放入养殖池养殖的虾苗可以准确计数，确保稳产、高产。

此外，在养殖季节标粗。例如，某养殖户有许多个虾塘同时养虾，有目的地先将一个虾塘少放虾苗，早收虾。这个早收虾的虾塘用来标粗，标粗虾苗数量足够其余所有养殖池养殖，这可充分利用各个池塘空隙时间养殖，效果也很好。

3. 不宜标粗

在广东省有些虾农主观臆想，在养殖季节，在虾塘一角围出一个标粗池，先把虾苗放在标粗池内养殖 7～10 天，再把标粗池苗放入大塘养殖。对于这种标粗，笔者持反对态度。这种标粗方法有两个弊端：一是影响虾苗成活率。刚买回来的全塘养殖的虾苗，集中在一个小的标粗池内养殖时会出现互相残杀的现象，即使投入人工饵料，也不可避免会发生。笔者对此曾做过对比试验，即在一个准备养殖的虾塘，把虾苗直接放入大塘养殖，比在虾塘一角建标粗池暂养，其成活率提高 10% 以上；二是影响生长速度，笔者在上述对比试验中，还同时发现，直接将虾苗放入大塘养殖的虾苗生长速度也比标粗池的快 10% 以上。可见，在养殖季节，养殖池塘的放苗工作准备好以后，虾苗直接放入大塘养殖比在池塘围一个小角标粗 7～10 天的效果好，而且还省时、省力，节约材料。

第九节　投喂优质饲料

一、南美白对虾营养需求的特点

与其他水产动物相比较，南美白对虾的营养需求有其自身特点。了解和掌握南美白对虾营养需求的特点，研制科学、营养全面的饲料，进行科学合理的投喂，是养虾成败的关键所在。现将南美白对虾营养需求的特点概述如下。

①南美白对虾生长快，出肉率高，且我国的大部分地区的养殖模式为池塘精养或高位池高密度养殖，因此，对饲料蛋白质的需求较高。大量养殖生产实践证明，精养池南美白对虾饲料的蛋白质含量应不低于40%，否则会影响对虾的生长速度。广东省珠江三角洲地区、粤西地区很多养殖户习惯选择斑节对虾2号料（粗蛋白含量为41%~42%）作为南美白对虾养殖后期的饲料，也就是为了让南美白对虾能够在短时间内尽快生长，以达到上市规格。

②低盐度环境下，南美白对虾更趋向于利用蛋白质作为能量代谢产物，且蛋白质代谢增强。所以低盐下最好选择蛋白质水平更高、氨基酸平衡的饲料。

③南美白对虾对磷脂和胆固醇有特定的需求，需在饲料中添加，以保证其正常的生长、变态及繁殖。

④南美白对虾肠道内能合成维生素的细菌较少，故对维生素的需求量较高，尤其是维生素 A、维生素 E、维生素 B_6、肌醇。

⑤南美白对虾可以从水体中吸收钙离子，但无法吸收充足的磷，需从饲料中获取。饲料中一般不需添加钙，但饲料中保持一定的钙磷比，更能促进对虾的生长。

⑥铜是甲壳动物血清铜蓝蛋白的重要成分，南美白对虾对铜的需求量远高于鱼类，在饲料中的含量一般应达30毫克/千克左右。

二、优质饲料的特点

目前，国内外对南美白对虾的营养需求已有较系统的研究，饲料的开发和生产也日趋成熟。但由于受配方技术、原料品控技术及经济利益等因素的影响，市场上对虾饲料的品质依然良莠不齐。面对市场上众多品牌的南美白

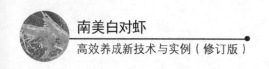

对虾配合饲料，选择与鉴别优质的配合饲料是养殖户最关心的问题，也是养殖高产的关键。在一般情况下，配合饲料质量的鉴别可以按以下方法进行。

外观：饲料应粒度均匀、颗粒紧实、光洁度高、无裂痕、切口整齐、大小均匀、含粉率低，具有饲料正常气味，无发霉变质、结块现象，无酸败、油焦等异味。

营养成分：饲料应营养丰富和平衡。蛋白质含量不低于 40.0%，脂肪含量大于 7.0%，可消化磷含量不低于 0.8%，赖氨酸含量不低于 2.4%，蛋氨酸含量不低于 0.8%，粗纤维含量低于 4.0%，粗灰分含量低于 15.0%，钙磷比在 1.5∶1.0 左右。

水中稳定性：南美白对虾配合饲料水中稳定性强，耐水性好。在水温 25~30℃ 的海水中能保持 2 小时以上不溃散。原料的粉碎粒度要细，粉末粒度要达到 95% 通过 80 目筛网。

适口性和诱食性：南美白对虾配合饲料应具有新鲜芳香的味道，无怪味。由于南美白对虾的底栖摄食行为习惯，因此，饲料的适口性要强，特别是一些饲料企业为了成本的需要降低了饲料中鱼粉的比例。

饲料系数：在适宜的温度条件下，使用优质配合饲料的南美白对虾一般只需 70~90 天就可达到每千克 100~120 尾的上市规格，饲料系数为 0.9~1.1。

由于饲料是影响对虾生长、免疫及水质的重要因素，因此，必须认真选购饲料。目前，有的饲料厂家原料采购不稳定，配方变动频繁，依赖添加各种促生长因子，如抗生素、激素等非营养性添加剂来提高饲料的促生长效果，这是不可取的，也许短期内能起到促生长的效果，但会造成虾的营养需求得不到满足、虾后期生长跟不上、大小分化、免疫力和抗病力下降、易发病等不良后果，严重的甚至导致养殖失败、损失惨重。养殖户在刚开始接触对虾养殖时，不知该如何选择饲料，可以多向经验丰富的同行打听，尽量选择口碑好、养殖效果稳定的饲料厂家的饲料，也可利用几个厂的饲料分别选择几个池进行比较，经 10~20 天，便可大致确定不同饲料的优劣。

三、新型原料及饲料添加剂对南美白对虾生长与健康的影响

1. 酵母深加工产品

酵母细胞富含 B 族维生素、微量元素、酵母多糖、功能性多肽、核苷酸等营养物质，均有提高动物免疫水平的作用。饲料工业中曾经广泛应用的啤酒酵母粉是将啤酒工业副产品——酵母废液烘干之后的产品。由于酵母细胞未经破壁处理，且其细胞壁难以被动物的消化液破坏，导致胞内营养物质无法被动物消化吸收。目前，一种新型的饲用酵母产品——酵母膏日益引起广大虾料厂和虾农的关注。酵母膏是利用优质的新鲜啤酒酵母为原料，运用先进的现代生物工程技术，将酵母细胞进行破壁、酶解而生产的一种功能性产品。通过上述生产工艺，酵母细胞中的功能性小分子物质，如游离氨基酸、小肽、核苷酸、β-葡聚糖（Glucan）、甘露寡糖（MOS）等得到了最大限度的释放。β-葡聚糖能刺激动物体产生对机体免疫功能起关键作用的巨噬细胞，可清除体内损伤、衰亡的细胞和侵入体内的病原微生物。甘露聚糖可以通过提高肠道绒毛膜的长度和密度来达到促进营养物质的消化吸收。核苷酸在维持机体正常免疫功能、肠道发育和正常肝脏功能方面具有重要营养生理功能。小肽为动物消化蛋白质的主要酶解产物，是迅速吸收的氨基酸供体，同时具有生物活性作用，能够调节机体的生命活动。酵母膏具有强烈的酵母香味，可显著提高饲料对南美白对虾的诱食性，改善消化道菌群，提高营养物质的消化吸收率，促进水产动物的生长，降低饲料系数，同时可全面提高水产动物的非特异性免疫功能，提高抗病力和存活率。自 2006 年以来，华南、华东、华中、华北的 100 多家水产饲料企业均有使用酵母膏产品的，由于其良好的应用效果及高性价比，已成为广大饲料企业提高饲料品质、帮助

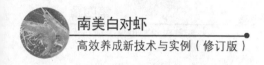
养殖户增产增收的不二之选。

研究和实践证明，饲料中添加 1% ~ 2% 的酵母膏后，不仅诱食效果明显（图 4-1），而且生长迅速，体色鲜艳，抗应激能力和免疫功能也得到增强（图 4-2 和图 4-3）。

图 4-1　酵母膏对南美白对虾摄食情况的影响

试验一，饲料中添加酵母膏对南美白对虾摄食情况的影响。左一的料盘中为添加酵母膏的饲料；左二的料盘中为对照饲料。可见一定时间内，对照饲料的残饵量高于添加酵母膏的饲料（图 4-1）。

试验二，饲料中添加酵母膏对南美白对虾耐低氧能力的影响。饲料中添加不同浓度的酵母膏投喂南美白对虾 60 天，然后每个网箱随机抽取 30 尾虾，置于密闭的、具有相同体积（1 升）及溶氧量（6.0 毫克/升）水体的塑料袋中，测定并记录每组虾死亡一半时的时间。由图 4-2 可见，随着酵母膏添加量的增加，半致死所需时间延长，在 1.00% 组达到最高。

试验三，饲料中添加酵母膏对南美白对虾耐低温能力的影响。饲料中添加不同浓度的酵母膏投喂南美白对虾 60 天，然后每个网箱随机抽取 30 尾虾，置于有相同体积水体的玻璃缸中，用冰袋缓慢降低温度，通过放入冰袋保持

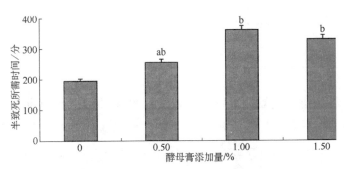

图 4-2　酵母膏对南美白对虾耐低氧能力的影响

每缸降温速率一致，记录每组虾死亡一半时的温度。由图4-3可见，随着水温的逐渐下降，对照组南美白对虾最先开始出现死亡，0.50%、1.00% 和 1.50%组的半致死温度则显著低于对照组。

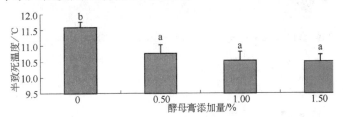

图 4-3　酵母膏对南美白对虾耐低温能力的影响

　　江苏省高邮市某饲料公司使用了酵母膏后，对虾饲料的质量得到显著提高，饲料系数由之前的平均为 1.3~1.4 降至 1.1~1.2。该公司在 2009 年还意外发现，在饲料中添加酵母膏后，使用该公司虾料的养殖户的虾都很少发病，而没有使用该公司虾料的养殖户，虾均有不同程度的发病，两者比较差异十分明显。

　　广东省江门市新会区的吴先生有 6 亩冬棚虾塘，2011 年 3 月初到台山市买 30 元 1 万尾的虾苗 25 万尾，下塘 10 天，感觉这批苗比别的苗长得慢，虾肠很细，觉得自己这次贪小便宜被骗了，甚至出现想把虾苗排了的想法。当他抱着死马当做活马医的想法添加酵母膏后，感觉虾吃料变快，肠道变粗，

生长明显加快，最后卖虾 2 450 千克，平均 74 尾/千克，赚了 3 万多元。

2. 虾用多维预混料

维生素对于南美白对虾正常生长发育、繁殖和健康具有非常重要的生理作用。广州市信豚水产技术有限公司生产的对虾专用维生素预混料，根据国内外最新研究成果，设计了满足南美白对虾最快生长、最强免疫力时对维生素的需求量，选用高效稳定的进口单体，采用先进生产设备，严格按照 ISO 9001 质量管理体系监控生产，保证了产品的质量稳定可靠，是南美白对虾养殖的专用产品之一，受到广大饲料厂家的欢迎。

3. 虾用矿物质预混料

矿物质是南美白对虾生长发育和繁殖不可或缺的一大类营养素，十分重要。尽管虾类能够通过鳃、体表和肠等直接从水中吸收矿物质，但在集约化养殖模式下，远远不能满足自身营养需求，许多元素必须从饲料中进一步得到补充。但是饲料中矿物质含量过多反而会抑制虾体内酶的生理活性，引发南美白对虾慢性中毒，污染水环境，还会在虾体内残留。因此，南美白对虾饲料添加矿物质之前须明了其需求量，选择生物利用率高的剂型。广州市信豚水产技术有限公司生产的对虾专用矿物质预混料根据南美白对虾的生理特性配制，部分矿物质单体采用氨基酸螯合矿，提高了矿物元素的吸收利用率，降低了对水体的污染。

4. 肝胰脏保护剂

虾的肝胰脏为一大型致密的腺体，位于头胸部中央，心脏之前方，包裹在中肠前端及幽门胃之外。其主要功能为分泌消化酶和吸收、贮存营养物质。近年来，由于对虾高密度集约化养殖的发展、养殖环境的恶化、饲料的营养不平衡及药物的滥用等因素，导致对虾免疫力下降，疾病频发。肝胰脏作为对虾的重要代谢器官，极易发生病变。其典型症状为肝胰脏肿大、发白，甚至组织坏死。一旦发生肝胰脏病变，对虾往往生长缓慢，对外界应激的反应增强。遇到环境发生剧烈变化，死亡量激增，危害极大，给对虾养殖业者造成很大的困扰。

肝胰脏保护剂是一类促进营养物质代谢吸收、肝胰脏解毒排毒的新型添加剂。广州市信豚水产技术有限公司针对目前对虾养殖过程中普遍出现的肝胰脏病变问题，经过多次试验及应用情况跟踪，开发出适用于对虾的肝胰脏保护剂——"益肝宝"。"益肝宝"的主要成分是天然胆汁酸和牛磺酸，前者通过胆汁酸分子的亲油基和亲水基结构将大分子的脂肪分解成小分子的游离脂肪酸，同时激活脂肪酶，使之能在肠道中发挥作用，促进脂肪的消化。另外，胆汁酸可以和脂肪、脂蛋白形成复合物，转运出肝脏，有效防止了脂肪在肝脏的沉积。牛磺酸不仅对对虾有良好的诱食性，还能提高虾的抗缺氧能力，增强虾的非特异性免疫力。产品推向市场以来，受到了广大虾料厂和虾农的肯定，已成为防治对虾肝胰脏病变、提高抗应激能力的必备添加剂。

广东省江门市新会区某养殖户，有14亩南美白对虾虾塘（一个为8亩，一个为6亩），3月底下塘二代苗80万尾，虾转肝期（4~6厘米，此时是肝脏发育最重要时期），在饲料中添加"益肝宝"，转肝效果非常明显，肝胰脏黑白分明，肠道比没添加时明显增粗，到现在也一直坚持添加（平均每个星期添加3次），在2010年病害高发期时安全度过。

同样是该地区，有一个6亩的虾塘，放苗40多天，天气不好，虾塘出现倒藻，水开始变清，2天后增氧机附近有死藻腥臭味，毒素积聚在塘底，虾肝变红，刘先生早上按2亩1瓶使用"绿水解毒灵"解毒，傍晚时按3亩1瓶施用"底安"，同时内服"益肝宝"，2天后水变好了，腥味没有了，虾的肝胰脏恢复正常。

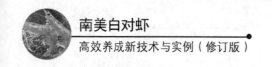
江苏省高邮市某虾料厂发现，添加"益肝宝"的罗氏沼虾料对防治罗氏沼虾滴心病（以肝胰脏病变为典型特征的应激综合征）有特效。全程使用添加"益肝宝"虾料的池塘均没有发生滴心病。在滴心病发生初期，在饲料中添加"益肝宝"的饲料也可缓解病情，很大程度上减少了虾农的损失。

5. 免疫增强剂

免疫增强剂是具有促进或诱发宿主防御反应，增强机体抗病能力的一类物质。由于免疫增强剂具有比抗生素更安全，比疫苗作用范围更广等优点，越来越受到重视，特别是对于提高以非特异性免疫为主的对虾的免疫力尤为重要。目前，研究得最多、效果确凿的免疫增强剂主要是多糖类物质，包括β-1，3-D-葡聚糖、甘露寡糖、脂多糖等。广州市信豚水产技术有限公司研制的高效免疫增强剂"免疫宝"主要成分是β-1，3-D-葡聚糖、甘露寡糖，提取自酵母细胞壁，属于微生物多糖，不含有任何化学药品及抗生素，是目前应用于对虾健康养殖的高效、绿色饲料添加剂。大量应用实例证实，"免疫宝"能有效增强对虾的防御功能和抗病力，提高南美白对虾对白斑病和弧菌病的抗病力，延长病虾的存活时间，提高养殖成活率20%~30%。

养殖户拌料、发病或应激辅助治疗时每吨饲料添加"免疫宝"2~4千克，与鱼油或黏合剂黏合后与饲料混合均匀，或将本品溶于适量水中均匀喷洒在饲料表面晾干后使用，连用7~10天，每月使用2次。亲虾或虾苗入池前，用0.2%~0.5%的本品水溶液浸泡2~3小时；育苗池按20~50毫克/升全池泼洒，每周1~2次；养殖池按0.2毫克/升全池泼洒，每半个月1次。

四、使用营养物质应注意的问题

①添加微量营养物质时，要充分搅拌均匀，避免局部浓度过高或过低，造成饲料毒性或无效。

②选择营养物质时不要盲目和贪多，一定要分析自身的需要，选择适合的、切实有效的产品。产品的生产厂家应该是正规的企业，具有较强的研发能力和规范的生产基地。

③尽量使用环保、高效的营养物质，不要违反国家有关饲料添加剂的使用规定及法律法规，避免造成不必要的损失。

五、投饲料方法

1. 放虾苗后开始投饲料时间

笔者于2011年看到广东省某杂志社刊登了一篇介绍"养虾良方"的文章，该文是介绍泰国农业大学某教授的所谓投饲料方法，该文有这样一段论述："在泰国，50%的虾农都用以下方法投饲料：以喂10万尾虾苗为例（放苗密度6万~8万尾/亩）。投苗第一天的投喂量为2.5千克，在第二至七天在原来的基础上每天增加投喂100克，第八至十四天增加投喂200克，第十五至三十天增加投喂300克，这样一个月10万尾虾苗要吃掉159.7千克饲料。"笔者还看过如下报道："今天放虾苗，明天就按每10万尾虾苗投0.5千克饲料。"笔者认为，所有这些论述和报道都是极端错误的，是对广大的虾农极不负责的表现。在笔者广泛接触到的虾农中也存在上述相似情况。

众所周知，养殖对虾全过程有一个极其重要、必不可少的养殖环节，就是肥水，即培养基础饵料生物。

经过肥水后的虾塘，改变了虾塘的水色和透明度，即水色变为黄褐色或绿色，透明度为10~30厘米。有这种水色和透明度的虾塘，存在着大量的浮游植物和浮游动物。只要用一个透明的玻璃杯盛上一杯池水，就可以看到几个、十多个，甚至更多的浮游动物在游动。这些浮游动物具有不饱和脂肪酸，是幼虾的优质饲料，幼虾最喜欢吃这些浮游动物。只要虾塘中的这些浮游动

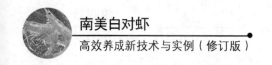
物足够幼虾吃，幼虾就不会吃人工投下的配合饲料。有报道指出，早期基础饵料生物培养得好，幼虾一般为 3~5 厘米时可以不投饲料。如果用一个 30 目左右的小捞箕在虾塘边轻轻一捞，再倒到透明的玻璃杯内加水稀释，就可以看到密密麻麻的浮游动物在游动，由此可以想象，虾塘中的浮游动物的数量是惊人的。笔者曾在每亩放 2.5 万尾斑节对虾的虾塘做过试验。虾塘水深为 1.5 米，水色为绿色，透明度为 30 厘米，放下虾苗后，在一个 1 米×1 米的饲料台内，每天放下 100 克左右的 0 号对虾饲料，在 30 天内，幼虾均不吃饲料台内饲料。试验的饲料台的网纱是 30 目。试验时，每天放下的饲料虾都不吃，把它倒去，放下新鲜的等量饲料。不吃的旧饲料不要倒在虾塘中，否则会污染水质。试验的结果：到第三十天，幼虾开始吃饲料台内饲料，并从第三十一天开始投饲料，在投饲料的第一天，投 0.25 千克 0 号配合饲料，到放苗后的第四十天才投 2 千克饲料，总共投下 15 千克饲料，此时幼虾已达 7 厘米。

有些虾农缺乏养殖对虾的基本理论知识，特别是初次养虾的虾农，当然也有部分书刊的误导，怕放下虾塘的虾饥饿，为了使虾快长大，从放苗的第二天开始就投饲料。

更有些虾农，不仅在放虾苗后第二天开始投饲料，而且是用价格很高的蛋黄、豆酱、丰年虫和虾片等投喂，还有的虾农把人工配合饲料溶解于水，全池泼洒喂虾，这些都是错误的，既浪费饲料，又污染水质和底质。

放虾苗后何时开始投人工配合饲料，取决于幼虾何时开始摄食人工投喂的配合饲料。具体地说，放在饲料台内的饲料被虾吃光，即开始投饲料，具体操作可以这样进行：从放苗的第二天开始，在虾塘中设一个饲料台（饲料台的网纱必须是 30 目或 30 目以上，如果网纱的目数是 20 目或更大网孔，饲料会在饲料台漏走，观察不准确）。每天早上按时在饲料台内放一汤匙左右的 0 号人工配合饲料，到次日同一时间观察饲料台内的饲料状况。如果饲料没有被虾吃光，以同样方法继续试验，试验直到虾把饲料吃光才停止，并从次日开始投饲料。开始投饲料的第一天，通常在50万~100万尾的虾塘内投0.5~1.0千克，以后逐日增加。

在这里要特别指出的是，如果虾塘由于毒塘（清塘）不彻底等原因，造成虾塘存在野杂鱼等敌害生物，则有可能在放虾苗后的第二天，放在饲料台内的饲料被吃光，在这种情况下，应采用中间毒塘技术，把野杂鱼杀死。

在一般情况下，一般的精养虾塘，每亩放南美白对虾虾苗5万~7万尾，肥水工作又做得好，放苗后的20~25天开始投饲料。有了试验经验的虾农，一般在放虾苗后的第二十天左右作为开始试验虾苗开始摄食饲料的时间。

广东省中山市东升镇一虾农2005年在听了笔者上述讲课内容后，感到很新鲜，便在自己养殖的南美白对虾虾塘进行试验，结果发现放下虾苗的第二十三天才开始摄食人工配合饲料。从放苗的第二十四天开始正式投饲料，并取得成功，饲料系数也比以往低，取得良好的经济效益。当时该虾农每亩放苗8万尾，水深为1.5米，透明度为30厘米。

2. 设饲料台

养殖对虾的虾塘，必须设两个以上的饲料台。一个设在人行道旁，供养殖人员、管理人员或其他人员使用；另一个设在相反的方向，专供养殖人员使用，其他人员均不要使用这个饲料台。饲料的增减完全取决于这个饲料台的饲料状况。饲料台是观察虾摄食状况的"眼睛"。它是决定增减饲料的依据，也是判断虾是否发病的重要依据。

3. 饲料台的观察方法

每次投完饲料后，应在饲料台放下当次总投饲料量的1%~2%。放下饲料后1.5~2.0小时，定时观察饲料台内饲料状况。如果在这个时间内饲料台

内饲料被虾吃光，应在下次投饲料时增加饲料，如果没有被虾吃光，应减少饲料，并检查没有吃光的原因。例如，天气突然降温，可能是健康的虾减料，这属正常现象。但如果天气正常，则有可能虾开始发病，应立即采取措施处理，时间越快越好。

4. 增减饲料方法

在正常的养殖季节，虾每天的摄食量为虾体重的3%左右，即如果虾塘有100千克的虾，每天摄食人工配合饲料为3千克。每天增加饲料的数量约为前一天投饲料量的3%左右。这是笔者长期养殖对虾总结的经验，许多虾农也赞同这一观点。不过每天增加的数量仍以饲料台内饲料状况为准。例如，一个虾塘今天全天投下100千克饲料，明天增加3千克后为103千克，而饲料台内饲料仍被虾吃光，则可以增加4千克或更多。经过多次摸索和实践后，可以总结出准确投饲料的总数量。如果饲料台内饲料未被虾吃光，则减少饲料，甚至停一餐。至于减多少，也是依靠饲料台饲料的变化状况决定。

5. 根据饲料台内饲料变化状况，判断对虾是否发病

能否及时发现虾是否发病，是养殖对虾技术高低的重要标志之一。而能否做到准确投饲料又是判断对虾是否发病的前提。

对虾是否发病，首先反映出米的是摄食量的变化。在正常的养殖季节，正常健康生长的虾，每天摄食量都是增加的，即每天都要增加饲料。例如，一个虾塘今天投下100千克，明天为100千克加上100千克×3%，以后照此类推。

在笔者接触到的虾农中，存在10天内才调一次饲料的现象。这种调整饲料数量的方法是极端错误的。其错误之一是饲料不够虾吃，影响对虾的生长，影响产量的增加。例如，如果一个虾塘今天投下100千克合成颗粒饲料，到

第十天按理论计算，应多投 30 千克以上，如果饲料系数为 1，则在第十天的一天内，就增加 30 千克的虾，如果以每千克虾为 30 元计，仅第十天就损失 900 元，再加上前 9 天损失的值，10 天内由于投饲料不足损失 4 950 元以上；错误之二是由于饲料不足，对虾的健康状况产生误判。例如，本该投下 165 千克饲料，只投下 100 千克，少投 65 千克。如果在这个时候正好遇到虾开始发病，而虾发病总是由轻到重，由少到多。由于少投饲料，而放在饲料台内的饲料却被健康的虾吃光，这时发病的虾已不吃饲料，以为虾已吃光饲料台内饲料，虾仍健康。而实际情况则是有发病的不吃饲料的虾。如果这种误判正是虾已达上市规格，可以卖虾。而由于错误判断，虾不能及时卖走，这时虾贩来买虾时见到虾塘有发病的虾，便降价购买，这是一大损失。此外，由于未及时发现虾病，有可能出现死虾。而病虾死亡的速度很快，一天损失几十千克到上百千克，产量必然减少，这又是一大损失。如果虾还未达到上市规格，也错过救治时间，同样也会带来重大损失。可见，准确投饲料是养虾成功的重要保证。当然过量投饲料危害性更大，既浪费饲料，又污染水质和底质，甚至导致虾发病、养虾失败。

6. 每天投饲料时间

每天投饲料时间取决于投饲料次数。如果投 2 次，通常是 6:00 和 18:00；如果投 4 次，通常是 6:00、10:00、14:00、18:00。

7. 每天投饲料次数

从广大虾农长期实践看，每天投 2~4 次较普遍，有报道指出："每天投 1 次饲料，体重增加 1.62%，每天投 4 次饲料，体重增加 1.70%；如果每天投 8 次，结果与每天投 4 次相同。"从以上报道看出，投饲料次数不是越多越好。投饲料次数应由实际情况决定，以每天投 2~3 次最好。

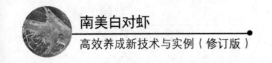

8. 饲料投撒方法

（1）用船或筏投撒 20 世纪 80—90 年代常用肩挑饲料，在堤上投喂，现在生产技术水平不断提高，投饲料均用船投喂，这种方法省时、省力，不浪费饲料。有些地方没有用船，而是用塑料管，上面加木加固，起到船的作用，也可以采用。

（2）沿四周投喂 用船沿虾塘四周投喂，饲料撒落在离堤 2 米左右较好。有些地方的虾农，养虾积极性很高，在虾塘中设许多条绳，沿着绳来回多次密集投喂，以为这样可以均匀投喂，虾更容易摄食，其实这没有必要。因为虾是快速游泳动物，其嗅觉也很灵敏，只要虾塘有饲料，虾都可以摄食到，而且每天在固定的地方投喂后，虾会习惯到固定地点寻食。

9. 观察胃肠摄食情况

虾是否正常生长，是否吃饱，可以从胃肠情况判断。凡健康而吃得饱的虾，其胃区全部黑色，肠也是黑色，并呈一条黑色直线。如果胃区呈透明或半透明，表明虾没有吃饱。没有吃饱的原因，可能是饲料不够吃，或摄食不正常，有可能虾已开始患病，要及时采取措施处理。

第十节　水质监测与调节

水质监测与调节是对虾养殖的重要环节，也是科学养虾、提高养虾水平的重要保证。通过水质监测，可及时了解水质状况，为水质调节提供科学依据。

实践证明，实施水质监测的虾农，养虾成功率远比没有实行水质监测的虾农高。笔者还发现，许多虾农养虾连最基本的监测仪器都没有，更不会使用，存在盲目养虾的状况。这种虾农应补上这一课。

一、水深

养殖南美白对虾的水深最好是 2 米左右。从大量的报道中发现：最大水深为 3.5 米也能取得养殖成功，经济效益也非常好；低于 1 米也有的能养殖成功。

笔者认为，有条件的地方，尽可能使虾塘水深达到最大。这是因为，虾的生长速度与放养密度有密切关系，即在放养密度相同的情况下，水体越大，水越深（当然是指在适当范围），对虾生长速度越快。同时在产量相同的情况下，如两个不同水深的虾塘，收获虾的产量相同，其饲料数量也不相同，即水更深的虾塘比水更浅的虾塘饲料系数更低，成本更低，经济效益更好，因此，新开工的虾塘，尽可能挖到深为 2.5 米左右。在沿海靠潮水纳水的虾塘，要把堤筑高些，尽可能在每个月两个最高的潮水位时纳水，使池塘达到更高水位。

有些地区的虾农在养虾过程中存在一种错误观点及做法。例如，虾塘在安全的前提下，可以把水加到 2 米，但这些虾农认为，在养殖初期，刚放下的虾苗不用很深水也能生长，水太深不易管理。这是一种误解，因为水质好坏主要取决于水体生物的含量和溶氧量。具体地说，在放苗密度相同时，水越深，浮游植物和浮游动物的数量越多。浮游植物越多，产生的氧气就越多，池中浮游动物就越多，虾有更多的浮游动物摄食，生长更快，更推迟投饲料时间，节约饲料。

在沿海地区的虾塘，闸门容易漏水，有时一天可降低水位 10 厘米或更低。遇到这种情况，应做好闸门或堤坝的堵漏工作，尽可能减少塘水流失。

保持虾塘水位高，还有一个好处就是防暑。在我国养虾的主产区——华南地区，每年的 6—9 月份是高温季节，水深更能维持水体的稳定性，在高温

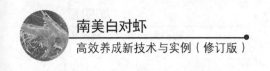

时起降温作用和防病作用。

二、水温

一般的精养虾塘，水温只能掌握不能控制，掌握南美白对虾适温范围和最适生长水温，对安排放苗、养殖和卖虾都有重要意义。为此，凡养殖对虾，每个虾农必须购买水温计。买水温计时应买 0~50℃这个规格的，红色的更好，这种颜色容易观察。

掌握水温的变化规律，在养殖南美白对虾过程中有三个重要意义。

1. 安排放虾苗时间

普遍认为，一般精养虾塘和高位池的正常养殖季节，放苗水温应稳定在 22℃以上，这个温度放虾苗不会被冻死。放虾苗的温度必须充分考虑到天气的特殊性。

2. 安排好养殖生产时间

按正常的养殖季节，南美白对虾养殖一茬的时间是 3~4 个月。如果由于种种原因推迟放苗时间，例如，在广东省珠江三角洲地区，按正常养殖的安排，养殖第二茬应在 8 月 1 日前后放虾苗，到 11 月份收虾。但如果放苗时已是 9 月上旬，余下只有 2 个月的养殖时间，在安排生产时，应少放苗。按正常养殖季节应放 5 万尾/亩，而在上述情况下，应放 2 万~3 万尾/亩，这样同样可以在 11 月上旬收虾，从而充分利用 9 月份至 11 月上旬的养殖时间。

3. 安排收虾时间

南美白对虾最适生长水温为 23~32℃，生存水温为 9~47℃，15℃停止摄食，8℃开始死亡，也有虾农反映，12℃开始死亡。在华南地区，每年的 11

月中旬前应把南美白对虾卖走。但有的虾农不相信科学，结果带来严重恶果。2009 年 11 月 15 日气温降至 6℃，在珠江三角洲地区，有许多虾农的虾被冻死，损失惨重。因此，在安排收虾时间时，必须留有余地，及时把虾卖走。

三、盐度

南美白对虾是海产虾类，需要在一定的盐度范围内生长，其最适生长盐度为 10~25，生存盐度为 0~40。经过淡化技术后，可以在纯淡水地区养殖。

不同地区和同一地区的不同时期，盐度不同，掌握养殖地区和每年的盐度变化规律，对安排生产具有重大意义。例如，在江河地区，特别是径流量大的地区，每年雨季，盐度变化很大。以珠江口的深圳市宝安区为例，每年 4—8 月份，盐度几乎为 0，用比重计测定为 0.998。但每年 2 月份，盐度最高，达 20 以上。因此，在这些地区养殖南美白对虾时，应安排在 2 月份进水，最迟也不能超过 3 月上旬进水。如果错过这个进水的时间，就进不了海水，只好买海水或其他代用品。其质量也没有天然海水好，并大大增加了费用。如果买海水或其他代用品，每亩费用约为 200~500 元不等，这无疑会增加养殖成本，降低经济效益。在这种地区养虾，必须用盐度计或比重计，每天测定盐度，并做好记录，为生产安排提供科学数据。

有报道指出，在适盐范围内，盐度越低，生长速度越快，病害越少。南美白对虾一般前期 3~4 天脱壳一次，中后期 5~7 天脱壳一次，每脱壳一次，体重增加 20%~50%。由此可见掌握盐度变化规律对提高养殖效益有重要意义。

四、水色

水色是浮游植物单细胞藻类颜色在虾池中的反映，浮游植物是稳定虾池生态环境的核心。水色可以反映水的质量，它是水中浮游生物、悬浮颗粒的

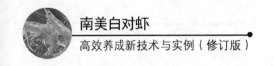

数量和种类的综合反映。良好水色是褐色和绿色，或在这两种水色之间。以硅藻为主的池塘呈褐色，以绿藻为主的虾塘呈绿色。

良好水色具有"肥、活、嫩、爽"4个特征。肥，表示水中有机物多，浮游生物量大；活，就是水中浮游植物种群处于繁殖盛期；嫩，就是水色鲜嫩不老，容易被虾吸收消化的藻类多，大部分藻体细胞未老化；爽，表示水质清爽，浑浊度小，透明度适中，水中含氧量高。

不良水色有如下表现，其处理方法也不同。

1. 乳白色

乳白色水形成的原因主要是天气突变，浮游动物（如枝角类、桡足类等）过量繁殖、摄食了水中大量的藻类，引起水色变浊。

处理方法：①如果对虾体长在2厘米左右，能够摄食浮游动物时，先停止投喂饲料，然后添加5~8厘米含有优良藻种的新水，再用芽孢杆菌复合制剂和单细胞藻类生长素进行肥水；②如果对虾较小，还不能摄食大型浮游动物时，可先用二氧化氯消毒剂杀灭水中的浮游动物，3天后再采用上述肥水措施。

2. 无色透明水

池塘酸碱度失衡、浮游植物突然大量死亡和换水频繁等都可能使水变清，透明无色，看到池底。这种水色具有极少的浮游植物，极容易缺氧，危害极大，时间稍长会长出大型藻类——轮叶黑藻，务必及时处理。

处理方法：若是酸碱度低，应用石灰水泼洒，调节酸碱度，并立即排走部分池水，再引进等量新鲜水或添加有良好水色的池塘水。随即施肥肥水，使水色和透明度调节到正常水平。

3. 青色水

引起青色水的原因是投饵过量，残饵大量积聚池底，腐败变质。

处理办法：①换水；②施底质改良剂和微生物制剂；③施肥，重新肥水。

4. 酱油色水

酱油色水是由于有机物过多，底质严重污染所致。

处理方法：①换水；②施沸石粉和微生物制剂；③施肥，重新肥水。

5. 黑褐色水

黑褐色水是池底老化、投饵过量、残饵增多，致使溶解性和悬浮性的有机物增加，使褐藻、裸藻大量繁殖所致。

处理方法：①换水；②施沸石粉和微生物制剂；③施肥，重新肥水。

6. 浅红色水

浅红色水是原生动物（纤毛虫、夜光虫）繁殖过量的结果。

处理方法：①换水；②施肥，重新肥水。

7. 灰蓝色呈鱼腥味水

灰蓝色呈鱼腥味水是鱼腥藻大量繁殖所致。

处理方法：①换水；②施肥，重新肥水。

8. 黄泥水

黄泥水是由于池塘四周没有青草保护，当大雨或大暴雨过后，雨水冲刷堤坝、泥浆涌入池塘所致。

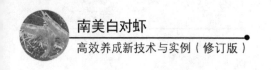

处理方法：①换水；②用腐殖酸钠净化水质；③施增氧剂和沸石粉；④用芽孢杆菌和肥水剂肥水；⑤保护池塘四周的草，别让堤坝裸露。

9. 水中出现气泡

在使用增氧机时，池塘出现气泡，这是底质污染和投饵过量所致。

处理办法：①准确投饵；②施微生物制剂，多开增氧机，防止缺氧。

10. 泥皮水

在春夏之间放虾苗后，有的虾塘在 08：00—09：00 太阳出来后，气温回升，池底浮起小块的泥皮，到晚上太阳下山后，泥皮沉底消失，这是池塘存在的有机物过多、清淤不彻底所致。

处理方法：①彻底清淤；②使用微生物制剂。

五、透明度

透明度是指把白色透明度盘从表面沉降到看不见时的深度，它与水色相结合，构成水体质量。它是反映水中浮游生物、泥沙以及其他悬浮物质数量的一个指标。单细胞藻的大量繁殖会导致透明度降低，而藻类的大量死亡，水草及丝状藻类大量繁殖会使透明度升高。

测定透明度用的透明板（沙氏盘）是海洋考察中的必备仪器，仪器商店有售。在对虾养殖中要求不那么严格，可因地制宜，只要观测物是白色平面，又能沉到水中都可以使用。例如，用白色塑料泡沫系上重物沉入水中，或用白纸包在砖头外沉入水中。这种简易方法既省钱，又可以解决实际问题。

以往许多学者认为，在良好水色前提下，30 厘米的透明度最好。但经过近年来全国养虾实践与体会，最好的透明度是 10 厘米左右。最简单的观测方法是：如果正在启动叶轮式增氧机或水车式增氧机，远远望去，见到有绿色感觉，表明这时水色最好；如果呈白色，表明透明度还不够浓。

调节透明度的方法可以很简单、很省钱，但也可以是很复杂、很花钱的。原因是，如果认识透明度的变化规律，并有良好方法，及时发现，及时施肥，水色和透明度很快就会恢复正常。如果对透明度的重要性认识不足，不及时处理，即使用很长时间，花很多钱，仍调节不好。

笔者 2002 年曾到过广东省阳江市某虾场进行养殖技术服务。该虾场有一个 100 余亩的虾塘，放南美白对虾虾苗已 30 余天，体长达 3~5 厘米，当时透明度很大，达 1 米以上，可清楚地看到对虾在池底游动，建议立即施肥，培养藻类，降低透明度。那时已是 5 月份，气温达 25℃ 以上。该虾场老板没有采纳笔者意见。1 个月后，笔者又到该虾场，见到的情况让人难过：全塘长满了大型藻类——轮叶黑藻，并已长到水面，好几个工人撑一条小船在塘中捞草，捞满船后再撑到堤边倒，烈日当头，非常辛苦。据说仅用于捞草的费用就达 1 万余元，如果当初及时施肥就不至于如此。事实上，这个塘的大型藻类长满塘以后，很难把它捞光，因为这种藻类生长速度特别快，捞完这边那边又长出来，在这方面笔者有多次经历。唯一正确的处理方法是把池水排走 1/15~1/10，进相同的新水，并立即采用肥水的方法，把水肥起来，降低透明度至 30 厘米以内，大型藻类便会自然死亡。

六、酸碱度（pH 值）

酸碱度可以作为池水好坏的综合指标之一。pH 值一般在 7.6~9.5 之间对虾不会发生疾病。在微碱性水中（pH 值在 8.0~8.5）生活最好，而在酸性水中生活和生长都较差。当水体中的藻类大量繁殖时，由于光合作用，使水中的二氧化碳突然降低，失去缓冲力，可使 pH 值突然升高。池中有机物过多，会使 pH 值降低。

pH 值就是水中氢离子（H^+）浓度的负对数。在纯水里，H^+ 和 OH^- 的浓

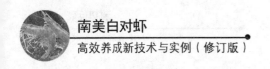
度是相等的，这时水的 pH 值为 7，为中性。当 OH^- 多时，即 pH 值大于 7 时，为碱性，pH 值越高，碱性越强；当 H^+ 多时，即 pH 值小于 7 时，为酸性，pH 值越低，酸性越强。

pH 值通过影响其他环境因子而间接影响养殖生物。当 pH 值偏低时，铁（Fe）离子和硫化氢（H_2S）的浓度都会增高，而这些成分的毒性又和低 pH 值有协同作用，pH 值越低，毒性越大，另一方面，高的 pH 值又会增大氨的毒性。另外，pH 值偏离了中性到弱碱性范围而变得过高或过低时，都会抑制植物的光合作用和腐败菌的分解作用，而前者又会影响到水体的氧气状况和养殖生物的呼吸，后者又会影响到水中有机质的浓度。

pH 值超出安全范围，会影响水体的生产力。首先，不适宜的 pH 值会破坏水体生产力最重要的物质基础——磷酸盐和无机氧化物的供应。如果池水偏碱性会形成难溶的磷酸钙，偏酸性又会形成不溶性磷酸铁和磷酸铝，都会降低肥效。在氮的循环中，pH 值也起重要作用。消化作用、固氮作用都以弱碱性（pH 值为 7.0~8.5）最适宜，遇到酸性或弱碱性条件，都会受到抑制，此外，pH 值还通过直接影响浮游植物的光合作用和各类微生物的生命活动，从而影响水体的物质代谢。

决定 pH 值的因素很多，但最主要的是水中游离二氧化碳和碳酸盐的平衡系统以及水中有机质的含量和它的分解条件。二氧化碳和碳酸盐的平衡系统随水的酸碱度和二氧化碳的增减而变动。二氧化碳的增减又是由水中生物呼吸作用、有机质的氧化作用和植物光合作用的相对强弱决定的。

pH 值在 7.6~9.5，都属正常值，不需要调节，有报道指出，pH 值在 10 时，对虾也正常生长。一般情况下，pH 值基本上不存在过高现象。纯淡水 pH 值一般比较低，有报道称，pH 值若在 7.4 以下时，会危及斑节对虾的健康。

pH 值偏低，可以用如下方法调节：

①肥水：通过施肥可以增加池中浮游植物含量，浮游植物越多，透明度就越低，pH 值越高。

②施石灰：施石灰可以提高 pH 值，但时间不持久。

③改良底质：pH 值偏低，往往与底质土壤有关。例如，一些虾塘是在红树林建成，这种虾塘池底存在许多红树林的根，这些物质会使 pH 值下降。对这些虾塘，应彻底改良底质，尽可能把池中树根和腐殖质清除。

④换水：将原来池水排走一部分，加入相同的新鲜水，再通过施肥，也可以使 pH 值回升。

七、溶解氧（DO）

溶解氧是对虾生存的物质基础和基本条件之一，池塘中溶解氧的含量，不仅直接影响对虾的新陈代谢，而且影响水化学状态，也影响饲料的利用率，它是反映水质状态的重要指标。养虾中氨氮和硫化氢的产生和存在，都与溶解氧有关。虾塘中的各种环境因子都直接或间接与溶氧量有关，其中与池塘中底质状况更为密切。当池塘中溶氧量高时，底质中的有机物进行氧化反应，有益物质越来越多；当池塘中溶氧量低时，底质中的有机物进行还原反应，池水中的有害物质，例如氨氮、亚硝酸、硫化氢等越来越多，恶化水质，导致对虾发病。在雨季，特别是暴雨、大暴雨和台风等自然灾害，是对虾发病最多的时候，其重要原因之一是这些天气情况没有阳光，池塘中的藻类的光合作用大大减弱，供氧减少，而虾及各种生物仍不停地进行呼吸，池塘中溶氧量下降，影响对虾正常生长，继而发病。

池塘中的溶氧量应在 4 毫克/升以上，有报道说，5 毫克/升更好。白天，特别是高温季节的白天，单细胞藻类进行光合作用，使溶氧量达到饱和状态，有时达 10 毫克/升以上，但夜间则由于生物的呼吸作用，包括单细胞藻类，致使溶氧量大幅下降，在黎明前有时降至 1 毫克/升左右。当溶氧量继续下降

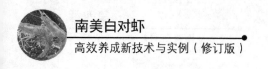
时，对虾有可能出现浮头。

测定虾塘溶氧量时，必须以底层水为准。笔者曾在1.2米池塘测定过各层次溶氧量，当表层为7.8毫克/升时，底层为3.5毫克/升。不能把表层溶氧量作为调节溶氧量的标准，否则会产生误判，后果严重。

池塘溶解氧的来源包括：①池塘浮游植物的光合作用，它是池塘溶解氧的主要来源；②空气中的氧气溶于水中，有风浪时溶解氧的含量最高；③换水或添水带进氧气；④用增氧机增氧；⑤施增氧剂；⑥施沸石粉。池塘中的溶解氧的消耗如下：①底质中有机物等还原性分解时耗氧；②池内对虾以及其他动植物、微生物的呼吸耗氧；③逸散到大气中。

八、氨氮

氨氮是反映池塘水质好坏的重要指标之一，正常氨氮含量应在0.6毫克/升以下。

虾塘的氮一般以硝酸氮、亚硝酸氮和氨氮等多种形式存在，他们在水中可以相互转化。氨氮分为游离态氮（NH_4^+-N）和非离子态氨（NH_3-N），养虾中说的氨氮是指非离子态氨。它是一种有害因子，属非极性化合物，它有相当高的脂溶性，容易穿过细胞膜，含量高时能产生严重的毒害作用，故称其为毒氨。

非离了态氨随水和pH值的升高而急剧增加。例如，在盐度为33。水温为28℃、pH值为7时，允许总氨氮量为17.6毫克/升。而在同盐度、同水温、pH值为8.4时，只能允许总氨氮量为0.8毫克/升。氨的这一特点，在夏季的高温期造成严重威胁。在浮游植物大量繁殖时，池水中的pH值高达9以上，这就加剧了氨氮的毒性。养殖对象及其饵料生物密度越大，氨氮的含量就越高，对虾的生长影响就越大。因此，不根据换水条件好坏而盲目地多放苗是十分危险的。氨尽管会被转化为硝酸盐，但是在氨的产生率超过池塘中转化氮的能力时，氨便有达到有害浓度的危险。另外，当溶解氧降低时，硝酸氮还会被还原成氨，同时也增大了非离子态氮的毒性。因此，保持水中充足的氧气，是减少氨毒性的手段之一。同时，多换水和准确投饵，也是减少氨毒性的有效措施。

虾塘中的氨氮来源有如下几方面：①虾塘中虾及其他生物的排泄物、残饵和生物尸体；②抽地下海水；③pH 值过高，氨氮浓度增加。

降低虾塘氨氮的方法：①使用以芽孢杆菌为主要菌种的复合微生物制剂，首次使用 1.05 毫克/升，以后每隔 15 天再用 0.75 毫克/升，氨氮可降低 40%~60%，亚硝酸盐可降低 30%~40%，硫化物降低 70%~80%，溶解氧增加 60%~70%；②调节好水色和透明度，当池水为无色、透明度达1 米以上时，氨氮会升高；当经过肥水，把透明度降低到 30 厘米以下时，氨氮会降低，这是笔者在养虾时发现的现象。

九、硫化氢

硫化氢主要来自水中的硫化物。例如，饲料中的蛋白质和鲜杂饵料等。蛋白质或有机物质、生物尸体残存在池底时，在氧气充足时，养殖池中先分解为硫化氢，再被好氧细菌氧化为无害的硫酸盐。但底质溶解氧不足时，氧化过程停顿，就产生毒性甚强的硫化氢。通常水中的铁离子会与硫化氢结合形成硫化铁，池底变黑，产生恶臭气体，尤其是在 pH 值偏高、含氧量偏低、水温高时更易形成。

硫化氢含量的正常值应在 0.03 毫克/升以下。清除方法有：①合理投放虾苗量；②准确投饵；③加强换水，防止底质污染；④投放微生物制剂；⑤使用石灰，可提高 pH 值，降低硫化氢比例；⑥避免搅动池底或冲起沉淀物，以免池中溶氧量下降和大量有毒物质突然溶于水中，造成对虾死亡；⑦保持池中有充足的溶解氧。

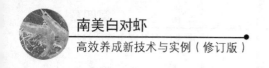
十、亚硝酸盐

池塘中的含氮有机物经腐败菌分解后形成的第一步无机产物是氨。在没有氧的情况下，氨是含氮有机物分解的最终产物。但在养殖水体中 NH_3 及 NH_4^+ 极不稳定，在物理化学及生物化学等因素的作用下，可转变为氮的其他形式。

水体中含氧充足时，在亚硝化菌和硝化菌的作用下，NH_3 及 NH_4^+ 就会被氧化为 NO_2^- 及 NO_3^-，这一过程被称为硝化作用，其反应为：$2NH_3 + 3O_2 \xrightarrow{\text{亚硝化菌}} 2HNO_2 + 2H_2O$ 和 $2HNO_2 + O_2 \xrightarrow{\text{硝化菌}} 2HNO_3$，最终产生的硝酸根是含氮有机物分解的最终产物。

但如果水体中溶氧含量较低，硝化作用受阻，就会引起硝化作用的中间产物亚硝酸盐在水体内大量积蓄，这就是池塘亚硝酸盐的最主要来源。

水中亚硝酸盐浓度过高时，通过鱼虾的吸收与体表渗透进入血液，使血红细胞中的亚铁血红蛋白被氧化成高铁血红蛋白。由于高铁血红蛋白不能与氧结合，从而使血液丧失载氧能力，使鱼虾对氧的吸收利用发生障碍，导致鱼虾发生病理变化。

亚硝酸盐在对虾养殖中的安全浓度有不同的报道，在许多常规检测中，通常以 0.1 毫克/升以下作为安全浓度。

调控亚硝酸盐的措施有：①肥水，又叫培养基础饵料生物，通过肥水，可以培养大量的浮游植物。浮游植物在池塘水环境中是最具活力的生态因素。能大量吸收水体中的有害物质氨氮、亚硝酸盐，改良水体环境。②施微生物制剂。有报道指出，使用以芽孢杆菌为主要菌种的复合微生物制剂，可降低 30%~40% 的亚硝酸盐。③换水。④开增氧机。⑤施增氧剂。⑥施沸石粉等。

第十一节　中间毒塘

中间毒塘是指在单养对虾的精养虾塘，在养殖过程中如存在鱼类，使用药物杀死鱼类而对养殖对虾的生长没有影响，这个过程叫中间毒塘。

一、引起精养虾塘存在鱼类的原因

1. 进水网纱破裂或网纱网目过大

按照对虾养殖技术要求，应用80目网纱过滤进水。但由于有些虾农的习惯或受误导，而采用40目，甚至30目网纱进水，使鱼卵通过网孔随水而入。鱼卵进入池塘后繁殖、生长。有些虾农是用锥形网进水，由于经验不足或进水速度过快，水流把网袋冲破，鱼及鱼卵随水进入虾塘。

2. 堤坝漏洞

在沿海有潮汐地区建虾塘堤坝时用干泥堆成，这种堤坝容易漏水。虾塘养殖时间长，被蟹钻通漏水，也容易进入鱼类。

3. 毒塘（清塘）不彻底

有些虾农缺乏毒塘的基本知识，在毒塘（清塘）过程中没有把鱼类毒死。笔者曾在1989年和1994年分别到广东省台山市和广东省汕头市澄海区养虾。在养殖过程中和收虾时捕到鳗鱼，经调查，是毒塘技术不过关所致。由于在毒塘时都是用漂白粉毒塘，而且浓度不够，加上堤坝漏水，使鳗鱼得以潜伏泥底。

二、池塘中存在鱼类的危害性

1. 降低对虾养殖的成活率和产量

进入塘内的小鱼和鱼卵不断繁殖长大，抢食脱壳虾。有报道指出，生长1千克肉食性鱼类，需吃掉7~8千克虾类，50~60千克饵料。

2. 浪费饲料

进入塘内的鱼类抢食虾类饲料，增加饲料投喂量，造成饲料浪费。

3. 消耗氧气

氧气是对虾生长的物质基础，充足的溶解氧是防止对虾发病的根本保证。池塘存在鱼类，会大量耗氧，降低池塘含氧量，影响对虾生长，甚至发病。

4. 污染底质

进入虾塘的鱼类存在大量排泄物，这些排泄物积聚池底，污染底质，从而影响水体质量。

三、中间毒塘的方法

中间毒塘的药物是茶籽饼，茶籽饼又叫茶麸。浓度是5毫克/升。如果虾塘平均水深为1米，则1亩用量为5克/米^3×667平方米×1米＝3 335克，约为3.34千克。

四、注意事项

1. 准确计算茶籽饼用量

在笔者接触到的虾农中，发现不少人不会计算药物用量的问题。

药物用量由两个因素决定：一是体积（容量）；二是浓度。而水体容量由面积和水深决定。虾塘每亩面积是固定的，约为 667 平方米，而水深则是变化的，水深是用米表示，如果水深为 1 米，则每亩体积为 667 平方米×1 米＝667 立方米，浓度则用毫克/升（克/米³）表示，即百万分之一。有的虾农认为，茶籽饼毒不死虾类，这是误解。笔者曾亲眼看到个别虾农因不相信科学，使用超量茶籽饼中间毒塘，把虾毒死，这是极其深刻的教训。

2. 使用茶籽饼浓度必须控制在 5 毫克/升以下

笔者在长期从事对虾养殖技术服务的过程中，曾亲耳听到虾农反映在中间毒塘过程中对虾被毒死的事实，损失惨重。例如，笔者在 2002 年应邀到广东省台山市某镇讲授对虾养殖技术课。在讲课前，有一位虾农反映，在中间毒塘时，虾塘原来健康的对虾被茶籽饼毒死。随后笔者询问了有关毒塘的过程和方法，结果该虾农告诉笔者，他是按某刊物的介绍，用 15 毫克/升浓度的茶籽饼进行中间毒塘，这正是该虾农被误导造成的恶果，这是多么惨痛的教训。笔者也在多种刊物看到有该虾农所述的这类报道。不仅如此，笔者2009 年曾在广东省出版的某个刊物上亲眼看到过类似误导，为了方便起见，把该刊物的一段话抄录如下："对虾养殖过程中杀灭敌害鱼类时，应该尽量降低水位后，按照 12~15 克/米³ 浓度施用，3 小时内大量进水或换水降低茶麸毒性。"由此可见，虾农在进行中间毒塘时被误导并不是偶然现象。于举修在"用茶籽饼消灭对虾池中鱼的试验"一文中指出："茶籽饼杀灭鱼的有效最低

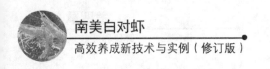

浓度为 3 毫克/升，故此建议养虾池在 100 亩以内，浓度为 5~7 毫克/升即可；100 亩以上，浓度为 7~10 毫克/升，盐度在 15 以下时，茶籽饼浓度可适当增大。"笔者也为此亲自做过实验：在一个水泥池中同时放养鱼和虾，用 3 毫克/升浓度的茶籽饼时，2 小时后鱼类死亡，虾正常生长。笔者在 1998 年养殖斑节对虾时，用浓度为 10 毫克/升的茶籽饼，斑节对虾有个别死亡现象。

第十二节　铺地膜

地膜又称防渗膜，用铺地膜的方法养殖对虾，是养殖技术的重大突破，它在底质改良中起重要作用。

一、高位池的应用

许多地区在建高位池时采用铺地膜技术，可以节约成本。在建高位池时，除底部铺地膜外，在排污口与排水闸门之间用排污管连接。高位池在建造选点时，尽力选择地势高一些的，使污水通过闸门自动流出，节约电力资源。

二、精养虾塘的应用

底质污染和池塘老化是对虾发病的主要原因，铺地膜可以从根本上解决上述问题，这对于一些沿海地区没有条件清淤的虾塘有特殊意义，在这方面，广东省雷州市有非常成功的经验，它可以使老虾塘"返老还童"。

该地区将老化虾塘"大改小"，虾塘每池从 5 336~9 338 平方米改为 667~2 668 平方米，水位从 1 米改为 2~3 米，增加单位池塘面积总水量和养殖密度，并有防渗膜铺垫塘底隔断地下水渗入，杜绝外来污染，同时对养殖模式进行改革，将过去的老化虾塘纳潮养殖改为封闭生态养殖，从放苗到收获实行"一池水养一造虾"，加入适量微生物活菌制剂，在池底安装电动吸污装置吸除排泄物和残饵，保证水质因子优化。在养殖过程中，不施用任何消毒剂，实行"零药"生态养殖。采用以上技术改造的老化虾塘亩单产达 1 600 千克。

经过多年的探索与实践，铺地膜技术逐步成熟，技术也不断提高。目前地膜有进口产品和国内产品。厂家一般都实行配套服务，亲自到虾塘建设，并做好各种防漏工作，服务工作做得很好。地膜价格每平方米 3~10 元不等，使用三五年至十余年不等。

铺地膜的虾塘清淤非常方便，也很节约时间。通常在收完虾后用高压水枪清洗，曝晒后即可继续养虾，大大提高虾塘的利用率。

铺地膜的虾塘在养殖期间应及时清污。清污有两种方法：一是利用水位差和设备条件，自动排污；二是没有水位差的虾塘应当安装吸污设备，及时吸污。吸污通常在每次投饲料前，停止开增氧机，排污 5~10 分钟，排污时，开始流出的是黑色污泥，当流出清水时，停止排污。排除的水量要适时补充，补充的水，尽量做到没有污染物和污染源。

第十三节　冬棚养虾

一、冬棚养虾的意义

随着南美白对虾养殖的巨大成功，冬棚养殖南美白对虾也迅猛发展，它具有经济效益好、产量高、充分利用池塘资源等优点，凡能养殖南美白对虾的地区，都可以采用这种技术。

二、冬棚的建造

1. 建造时间

建造冬棚的时间，以气温降至 20℃ 左右供使用为原则，在华南地区一般

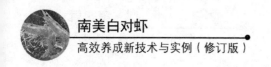

应在 10 月底完成。现在搭建冬棚养虾已形成专业队伍，形成了产业，冬棚一般交由专业队伍建设。安排搭建冬棚时，在时间的安排上应留有充分的余地，因为每年冬天搭冬棚的养殖户很多，而且时间非常集中，搭冬棚的专业队伍往往都很忙，不能及时满足养殖户的要求，把搭棚时间向后推移，这就不可避免地影响了养殖时间，甚至有冻死虾的现象。

按 2009 年的价格，一般冬棚建造每亩费用为 2 500~3 000 元。

2. 冬棚的建造

冬棚要符合如下要求：①坚固，能抵御 8 级以下大风；②棚顶斜度平顺，不积水；③棚脚高于排水河，方便排出地面积水。

(1) 设中间柱　在池塘中间，沿池塘长的一面，竖一排立柱，立柱可用杉木或杂木、水泥栓或石柱，立柱间距 1~3 米，立柱长度由池塘水深而定，其长度以固定好后，高于地面 1 米左右为宜。如果太高，受风力大，易被大风吹坏，也加大成本；如果太低，操作也不方便。

(2) 拉钢丝绳　先沿中间栓柱拉好钢丝绳，钢丝绳要坚固，以让人能在绳上自由爬动为原则。然后拉横纵方向的钢丝绳。其间距均为 0.5~1.0 米。

(3) 立塘边桩柱　在池塘四周立桩柱，桩柱常用短木桩，这方便打入泥中，也可用水泥桩或石柱。钢丝绳就固定在桩柱上，使棚面纵横交叉的钢丝绳固定。

(4) 铺塑料薄膜　在所有的钢丝绳固定好后，铺塑料薄膜。铺塑料薄膜时应注意如下事项。

①池塘存有南美白对虾时，塑料薄膜应分 1~2 天密封，不要一次性密封，这有利于对虾逐步适应新环境。②没有对虾的虾塘可以一次性全封闭。③塑料薄膜必须是透光的，阳光能直射入池塘。④冬棚密封以后不要再拉开通风。广东省有些虾农在冬棚养虾过程中，经常拉起塑料薄膜通气，以增加

池塘氧气，这是一种误解，它对增氧和保温都没有好处。

有些地区在塑料薄膜上下方铺 2.4 毫米聚乙烯网，网目大小为（10~20 厘米）×（10~20 厘米），用以固定塑料薄膜，以防被风吹掉，这要根据使用情况定。

（5）拆除冬棚的时间和方法 拆除冬棚的时间应在水温 24℃ 以上。

拆除冬棚有两种方法：一是只拆塑料薄膜，不拆除支架和钢丝绳，但从整体而言，利大于弊；二是除塘四周的短桩柱头外，其余的所有物质都拆除，这种方法会破坏许多材料，花更多人力、物力，但给养殖带来方便。

三、冬棚虾养殖技术要点

1. 养殖时间

养殖时间应从水温降至 20℃ 时开始入棚养殖，当到次年水温升至 24℃ 时，可以拆棚继续养殖。由于冬棚虾的价格是每年的最高价，加上养殖技术的不断提高，许多虾农都把全年南美白对虾养殖计划优先考虑冬棚虾养殖，在华南地区有的地区养两造冬棚虾，有的地区养一造。有的虾农说得好："宁愿不养季节虾，也把时间安排好养冬棚虾。"

2. 放苗密度

放苗密度分两种情况：一是直放苗，即在虾苗场刚买回的，体长在 0.7~1.0 厘米的虾苗，直接放入养殖池养殖，一般每亩 3 万~5 万尾（水深为 1.5 米左右，有增氧机），以每亩 4 万尾最好；二是经过标粗，体长达 2~3 厘米的虾苗每亩以 3 万尾为宜。

3. 养殖管理

晒塘、清淤、毒塘、水体消毒等养殖环节，与普通池塘养殖相同，此外

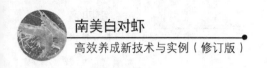

应重点抓好如下工作。

（1）底质改良 底质改良是冬棚养殖能否成功的最关键技术，应将养殖冬棚虾和旺季养虾的底质改良结合起来统筹安排，最大限度地在未放虾苗前，把池底淤泥清除干净。这是因为，虾池水质的变化，主要是由底质变化引起。池中的有害物质产生的根源，是虾塘中虾的排泄物、残饵和生物尸体等有机物沉淀过多，并得不到充分氧化所引起的。其危害是大量耗氧，使池塘缺氧，而池塘一旦缺氧，水质就容易恶化，虾发病就不可避免。冬棚虾在养殖过程中必须经常使用微生物制剂改良底质，以维持水体的生态平衡。

（2）肥水养虾 肥水养虾是指在良好水色的前提下，低透明度（10～20厘米）养虾效果好。这是近年来广大虾农的共识，也是冬棚虾养殖的共识。因为肥水（指低透明度）比高透明度（指透明度在60厘米以上）的瘦水含有更多的浮游植物，而浮游植物的光合作用是虾塘增加氧气的主要来源，也是降解各种有害物质的物质基础，是保持优良水质的基础。

同时，冬棚养殖的最大特征是在低气温下养殖，池内外水温差达10℃以上，一般不宜换水，如果换水，有可能引起虾产生应激反应而发病。

（3）准确投饵 冬天养殖冬棚虾气温变化大，有时来一个寒潮，气温骤降达10℃以上，棚内尽管保温，但由于棚内外气温差很大，也会影响棚内水温，因此，在每次投饲料时，应注意天气预报及天气变化，准确投量。投料时切勿过量。过量投料的最大危害在于污染底质进而影响水质，导致养虾失败。

要做到准确投料特别要掌握放虾后开始投饲料的时间，千万别今天放苗，明天就开始投饲料。开始投饲料的时间以幼虾摄食饲料台内饲料为准。即从放虾苗后的第二天开始，放一汤匙左右的0号饲料在饲料台内，只要饲料台内饲料未被吃光，从次日开始继续试验，直到吃光才停止试验，并开始投饲料。

此外,用饲料台确定每天的投饲料量。池塘不管大小,均应设两个以上饲料台,其中一个供养殖人员专用。养殖人员通过这个饲料台内的饲料状况,决定增减饲料,即在每次投完饲料后,在 1.5~2.0 小时内观察饲料台内饲料状况,如果被虾吃完,次日应增加饲料,否则应减少饲料,检查减料的原因,并立即采取措施处理。

(4) 适时开增氧机 冬棚虾在冬季养殖,这个季节阳光较弱,池中浮游植物光合作用减弱,产生的氧气减少,容易造成池塘缺氧。因此,在下半夜,雨天、阴天及不良天气,应多开增氧机。

(5) 施沸石粉 如上所述,冬棚养虾容易缺氧,应定时或不定时根据池塘含氧量,施沸石粉,沸石粉具有增氧和吸附异物的作用。

(6) 施增氧剂 施增氧剂是许多虾农养冬棚虾成功的重要经验,它能及时增氧,防止池塘缺氧。

(7) 慎用抗生素和消毒类药物 抗生素和消毒类药物等会在将池塘中的有害细菌、病毒杀死的同时,也把池中的有益生物杀死,而池塘中的生物,绝大多数是有益微生物,它是维持生态平衡的主力军,是防止病毒、细菌侵入虾体内的第一道防线。为此,在养殖冬棚虾的全过程中,最好不用上述药物,若非用不可,也应慎重选用药物。

(8) 做好水质的监测和调控工作 水质好坏决定养殖的成败。而水质的好坏必须通过各种仪器设备的观测。为此,广大虾农,特别是养殖冬棚虾的虾农,均应购买和使用测氧仪,pH 值测试仪,测氨氮、亚硝酸盐、硫化氢等的测定设备,这有利于对水质进行科学判断,是真正的科学养虾。许多虾农在使用上述仪器设备取得养虾成功后,深有体会地说:"科学技术是第一生产力是千真万确的真理。"

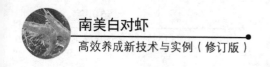

第十四节　混养

对虾养殖的根本目的是稳产高产，持续发展。精养对虾尽管发展快，但也存在虾病严重等困难。虾发病的重要原因之一，是养殖环境的恶化，而鱼虾混养和轮养，能改良养殖环境，养虾成功率大大高于精养虾塘。

一、鱼虾混养的主要特征

1. 浮游植物更多元化

在鱼虾混养池塘中，浮游植物更多元化，群落的演替相对恒定，浮游植物总量相对恒定。在鱼虾混养池塘中，当浮游植物出现生物量高峰时，浮游植物可分泌具有杀菌作用的物质，使水体中浮游细菌减少。

2. 稳定微生物环境

在养殖初期，鱼虾混养池水中的异养菌总量和硝酸盐还原菌数量较低，但高于对虾单养池，随着时间的推移，单养池中的菌量急剧增加，而混养池中增长幅度远低于单养池，混养可通过对养殖生态系统的物质循环，使其保持高速、稳定地运行，为对虾的生长提供一个健康而稳定的生态环境。

3. 提高氮、磷的总绝对利用率

通过鱼虾混养，池塘中物质循环更顺畅，加快池塘有机物的净化，减少了养殖过程中缺氧、磷的沉淀，可提高氮、磷的总绝对利用率。

4. 提高池塘的总产量

在鱼虾混养池塘中，对于水体的化学耗氧量的控制力比对虾单养更强，混养模式不仅能提高池塘的总产量，而且对虾的产量也会有所提高，基本原因在于混养能更好地利用投入的营养物质（饲料）和池塘自生的营养物质（浮游植物初级生产量）。首先，养殖于同一个池塘中的各种养殖品种能利用混养生态系统中的各种饵料资源；其次，在混养系统中，投入的营养物质在池塘的转化，循环更顺畅，因而不仅能为不同营养层次的生物多次利用，而且能够在循环中反复利用，投入营养物质的利用效率得到提高，混养的不同养殖品种之间存在着互利关系，特别有利于对虾的存活和生长。

5. 防止虾病蔓延

在鱼虾混养过程中，如果遇上虾发病，鱼类及时摄食初发病的虾和死虾，可防止虾病蔓延。

二、混养模式

混养品种必须同时适应同一自然环境。例如，有的鱼类是在纯淡水中生长，而沿海地区在不同时期，盐度变化很大，不适宜生长，故在选择混养品种时应根据自然条件决定。

1. 鱼虾混养

鱼虾混养主要是南美白对虾与鲻鱼、罗非鱼、黄鳍鲷、篮子鱼、宝石鲈、笋壳鱼、草鱼、鳙鱼、鲢鱼、鲫鱼、塘虱、鹦鹉鱼、乌塘鳢等混养。

2. 虾蟹混养

虾蟹混养主要是斑节对虾与拟穴青蟹混养和南美白对虾与拟穴青蟹混养。

3. 虾虾混养

如南美白对虾与罗氏沼虾混养。

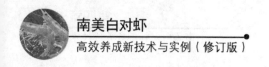

三、混养技术要点

混养技术与对虾常规养殖技术基本相同，其主要区别有以下几种：

1. 种苗放养

种苗放养要根据养殖条件，决定主养品种和次养品种，随后决定各养殖品种的规格和数量。

2. 饲料投喂

在鱼和虾都进入养殖地并都开始投饲料时，先投鱼料，投完鱼料后1小时左右投虾料。在安放饲料台时，应加装大网目的渔网，防止鱼吃饲料台内的虾料。有些地区混养时，以养鱼为主，只投鱼料，不投虾料。

3. 水质处理

在华南地区进行鱼虾混养时，是一池水养多造虾。即鱼苗全年只放一次，而虾苗是多次投放，多次投放虾苗又有两种情况：一是边养殖，边起捕虾，边放虾苗；二是，当第一造虾达到上市规格时，将池中所有虾捕光，重新放下新苗继续养殖。

4. 捕捞方法

在准备卖虾前，先在虾塘一角设一个装鱼的网箱，把鱼全部捕在这个网箱内暂养。随后把虾捕光，把水质处理好，把虾苗放下，再把网箱的鱼放出，继续喂养。

第十五节 生物学测定与存池量

一、对虾生物学测定的意义

1. 及时掌握对虾生长状况和健康状况

生物学测定是指放虾苗后，定期或不定期测定对虾体长、体重、摄食状况等。及时了解对虾生长状况、个体大小，为组织上市做好准备。

2. 及时发现对虾饲料质量状况，提高养殖效益

通过对养殖对虾的体长和体重的测定，及时调整使用饲料品牌，达到提高经济效益的目的。例如，比较两个不同品牌的饲料质量时，可以用两个塘的虾作对比试验。在未投入比较饲料的前一天或之前，用抛网分别捕起两个池塘的虾0.5千克，然后分别计数，例如A塘80尾/0.5千克，B塘尾75尾/0.5千克。随即在A、B两个塘分别投两个品牌的饲料。投饲料的方法相同。隔7~10天，按上述相同方法，捕A、B两个塘的虾再称重，称重结果可以看出两种品牌饲料对养殖对虾的影响，增重速度大的比增重速度小的品牌好，这时应选择增重速度大的品牌。

二、对虾生物学测定的方法

体长是指眼柄基部至尾节末端的长度（单位为毫米），全长是额角尖端至尾节末端的长度（单位为毫米），体重是用秤测得的质量（单位为克）。测定时间约为10天，抽样尾数为20~50尾。

三、观察对虾摄食状况

观察对虾摄食状况是通过观察胃和肠的颜色来判断。

依据胃含物状况将胃的摄食状况分为饱胃、半饱胃、残食和空胃 4 个等级。饱胃：胃腔内充满食物，全部为黑色，胃壁略有膨胀。半饱胃：胃含物约占全胃腔的 1/2 以上，或占据全胃，但胃壁不膨胀。残食胃：胃含物不足胃的 1/4。空胃：胃内没有食物，似透明白色。

在一般情况下，特别是天气正常的情况，投饵 1 小时后，对虾可以达到饱胃或半饱胃状态。如果投饲料量准确，在投放饲料后 1~2 小时内，对虾仍空胃或绝大多数是空胃或残食胃，表明对虾摄食不正常，应查明原因，认真处理。

四、对虾存池量的估算

在以往的一些书刊中报道了旋网计数法和拖网计算法。但实践表明，这些方法准确度都很低。

笔者在虾塘亲自养虾的实践中，总结出如下简易估算法。用这种方法验证虾塘的实际存池量时，有一定的参考价值。这种方法称为饲料估算法。

方法如下：当天总投饲料量除以 3，再乘以 100，所得的值为该虾塘虾的总产量。例如，某虾塘某天投 4 次饲料，分别为 30 千克、40 千克、40 千克、40 千克，合计为 150 千克。按上述经验计算法，全池总产量为（30+40+40+40）÷3×100＝5 000（千克），如果每千克为 60 尾，则全池尾数为60×5 000＝30 万（尾）。笔者曾在 2005 年用这个方法在广东省江门市新会区对某虾塘虾总产量估算，情况如下：该虾塘全天投饲料是 45 千克，笔者观察了虾塘饲料台内的饲料状况，认为该塘虾的总产量是 1 500 千克左右。当时该虾农说，笔者估值太低，该虾农认为 3 500 千克左右。该虾农当时还说，如果笔者估计准确，会亏本，很害怕，当时在场的还有第三人（业务员）。3 天后，该塘虾全部捕完，总共是 1 700 千克，所投饲料是颗粒配合饲料。

第十六节　抵抗自然灾害

一、自然灾害的主要特征

自然灾害主要是台风、大雨暴雨、强冷空气和长期的阴雨天。

二、自然灾害的危害性

1. 缺氧

台风前后都是气压骤降，虾塘容易缺氧。大雨、暴雨、特大暴雨和阴雨天都是阳光减弱，浮游植物光合作用受阻，产生的氧气明显减少，而池塘的耗氧量不变、甚至增加，同样可以缺氧。池塘缺氧是虾产生应激反应、虾发病的主要原因。

2. 堤坝倒塌

台风是沿海养虾地区的大敌，每年的台风，尤其是特大台风，都会造成堤坝不同程度的倒塌。

3. 鱼虾塘被淹没，鱼虾逃逸

每年的暴雨和特大暴雨，都会出现鱼虾塘被淹没、有鱼虾逃逸的现象。

4. 气温骤降，冻死鱼虾

气温骤降会造成冻死鱼虾的情况。

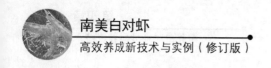
三、抗击自然灾害的方法

1. 树立抗击自然灾害的思想

思想决定行动，对虾养殖是高风险产业，它除了容易发病外，还表现在自然灾害的袭击。因此，必须提高自然灾害对养殖对虾危害的认识，做好防范工作。

2. 收听天气预报，做好卖虾工作

台风的到来，会给对虾养殖带来巨大损失。如果在这个时候虾已达到上市规格，应立即把虾卖出。须知，凡台风从形成到登陆往往需要 5~7 天，如果台风有可能在本地区登陆，应立即将虾卖出，以避免带来损失。

3. 做好防病工作

台风、大雨、暴雨等灾害，会使虾塘缺氧，因此，在上述灾害来到之前和期间，应多开增氧机、施增氧剂、施沸石粉等，以增加氧气并施微生物制剂。

4. 要准确投饵

切勿在自然灾害时，投饲料过量。

5. 安全管理

做好堤坝、闸门等的安全工作。

第十七节　防病治病

"以防为主、防治结合"是养虾病害防治的方针。养虾的最大风险在于容易发病，而一旦发病又不容易治好，为此，在养虾的全过程应做好预防发病工作。如果发病，应做到及时发现、及时处理，把损失降低到最低限度。

控制虾池中致病微生物存在水平是预防和控制传染病发生和流行的根本。环境卫生微生物学将环境微生物分为致病和非致病两大类。而现在和将来不会有一种只杀死致病微生物而不伤害非致病微生物的方法和手段。也就是说，无论科学技术发展到什么水平，凡有生物的地方，必然有微生物，也一定有致病微生物。况且在养虾过程中，水体中存在大量有益的非致病微生物，以保持整个养殖系统的生态平衡。因此，养虾池塘有致病微生物存在是正常的。只要控制水体中致病微生物的存在水平，就可以防止虾病的发生。

一、虾病发生的原因

1. 虾体不健康

在一般情况下，健康对虾对病原的侵袭有一定的抵抗能力，对不良的水体环境有较强的适应能力，而体弱对虾的抗病力和对环境的适应力都明显降低。例如，对虾在蜕壳时最容易被病源传染，对不良环境条件适应能力最差。因此，采取各种正确的方法，养殖强壮对虾，是防止虾病发生的重要保证。

2. 病原的传染

病原是指致病的生物，包括病毒、细菌、真菌、寄生虫和共栖的原生或后生动物等。由病毒、细菌和真菌引起的虾病统称为虾类微生物病或称虾类传染病。病原在养殖水体及在病原达到一定的数量并具备发病条件时才导致虾发病。

3. 水环境恶化

水环境污染程度与疾病的发生有密切关系。水质一方面影响虾的体质和

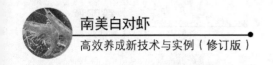

抗病力，另一方面又影响到病原的生长和繁殖。水质的理化因子和生物因子的好坏，如溶氧量，氨氮、亚硝酸盐、硫化氢的含量，水深，水温，盐度，pH 值，有机物和重金属离子的含量等，都会影响对虾健康，甚至发病。

4. 饲养管理不当

饲养管理不当会直接影响对虾的生长和发病。饲养管理的因素很多，其中包括不彻底清淤和消毒、放苗密度过大、投喂变质饲料或投饲料过量、买带病毒虾苗、使用药物不当等，都可以引起对虾发病。

二、疾病种类

1. 红体病（又称"桃拉综合征"）

红体病主要由桃拉病毒感染引起。患病的虾体形消瘦，甲壳变软，红须，红尾，体色变暗、变红，镜检发现红色素细胞扩散变红，部分病虾甲壳与肌肉容易分离，消化道特别是胃不饱满，肠道发红，并且肿胀，发病初期大部分病虾在水面缓慢游动，且靠边死亡，头胸甲出现明显的白色斑点。

流行情况：该病是南美白对虾特有的病毒性疾病，全国各地都有发生。该病发病迅速，死亡率高，一般虾池发病后 10 天左右大部分对虾死亡，其死亡率高达 40%～60%。发病对虾规格在 5～9 厘米，养殖时间约为 30～60 天，环境剧变更易发病。

预防：①彻底清淤，保持水质良好；②合理放苗；③定期泼洒溴氯海因，每亩每米水深 200～250 克，消毒后两天全池泼洒微生物制剂，每亩每米水深 500～1 000 克；④经常按饲料的 0.1%～0.2% 添加复合免疫多糖、高稳维生素 C。

治疗：①第一天全池泼洒二溴海因每亩每米水深 250～300 克，连泼两天，一天一次，16：00 左右再沿池边泼洒维生素 C 一次，其用量为每亩 250 克。第三天停药一天，第四天再全池泼洒"白浊红体宁"，每亩每米水深 250~300 克。第七天再全池泼洒活力菌，每亩每米水深 500~1 000 克，保持池塘中有益微生物的优势种群。②外用药同时，在每千克饲料中添加维生素 C 2 克，复合免疫多糖 2 克，连续喂 7~10 天为一疗程。

2. 白斑综合征

白斑综合征主要是由白斑综合征病毒和环境不良所引起。病虾离群、不摄食、胃肠内空无食物，在池边缓慢游动，体色稍变红，头胸甲及腹中很容易解开而不粘连，甲壳上可见到白色的圆点，以头胸甲处最明显，严重时白点连成白斑，病虾鳃丝发黄，肝胰脏肿大，通常在几天时间便可大量死亡。

流行情况：主要发生在 6—8 月份，1 个月左右的幼虾易被感染，3~10 天内大量死亡，死亡率高达 80%~90%，甚至 100%。

预防：每 10 天左右全池泼洒 EM 菌，每亩每米水深 500 克，沸石粉每亩每米水深 30~50 千克，同时每 10~15 天投喂复合免疫多糖，用量是每千克饲料添加 2 克。

治疗：从许多报道中发现，至今都没有办法彻底治疗白斑综合征。但笔者曾有过治疗白斑综合征的成功经历，可供读者参考。1989 年笔者在广东省深圳市宝安区水产科学研究所进行斑节对虾养殖，养殖到 60 天左右，先后有两个塘发现白斑综合征，症状非常明显，体色变黄，白斑点在头胸中非常明显，食欲大减，由原来每天吃 60 千克饲料减少到每天吃 10 千克，情况非常危急，以为没有希望，心里也很害怕。后来大胆采用如下三种措施，把该病治好。这三种措施是：一是使用中国水产科学研究院南海水产研究所研制的"健宝"拌饲料，按说明书说明，连喂 5 天；二是换水 30%；三是换水后用二氧化氯消毒，1 个星期后，完全恢复正常，投饲料量也增加到每天 60 千克，

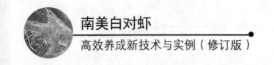

最后获得成功。其关键是及时发现，及时处理，措施得当。

3. 弧菌病

弧菌病主要是由副溶血弧菌感染所引起。病虾活动力减退，游动缓慢或沉于水底不动，食欲减退，腹部游泳足先变红，以后步足、尾扇也呈红色，伴随有烂眼、烂鳃的发生。

流行情况：该病在各养殖区都有流行，放养密度过大，水质腐败的池塘更易发生。

预防：①彻底清淤，保持水质良好；②合理放苗；③高温季节定期泼洒活力菌，每亩每米水深 500 克；④定期泼洒生石灰，每亩每米水深 8~10 千克，或用溴氯海因，每亩每米水深 200 克。

治疗：每千克饲料添加复方恩诺沙星 2 克加土霉素 0.4~0.5 克，连续投喂 7~10 天为一疗程。

4. 肠炎病

患病虾主要表现为游动缓慢，摄食不振，肠道水肿变粗、发黑，肌肉发白，肠道内有大量杆状细菌。

流行情况：该病在对虾幼体阶段（规格 3~6 厘米）极易发生，死亡率较高，5—6 月流行。

预防：饲料内经常添加免疫多糖和微生物制剂，有助于改善虾肠道微生态环境，可大幅度减少肠炎的发生率。添加量为每千克饲料内添加免疫多糖和微生物制剂各 2 克，通常投喂 3~5 天。

治疗：全池泼洒一次二溴海因，每亩每米水深 200 克或 250 克，同时每千克饲料添加"肠炎宁" 5.0 克和氟哌酸 0.5 克，投 5~7 天即可。

5. 黑鳃病

黑鳃病主要是柱状曲桡杆菌感染所引起。病虾鳃呈橘黄色或褐色。随后逐渐变暗，最后变成黑色，故称黑鳃病。开始一般由细菌、真菌感染造成组织病变，呼吸困难，然后有许多有机碎片附在鳃丝上，并有聚缩虫等附上鳃丝，使虾呼吸更困难，虾体消瘦，游动停滞，病虾浮于水面，不久死亡，主要危害虾的幼体。

流行情况：主要发生在高温期。高密度放苗、清淤不彻底和池中富营养化等都可以引起此病。

预防：定期泼洒生石灰，每亩每米水深 8~10 千克；若用二溴海因或溴氯海因，每亩每米水深 200~250 克。

治疗：全池泼洒聚维铜碘，每亩每米水深 150~200 毫升，病重时隔日重泼一次。同时每千克饲料添加维生素 C 2 克、复方恩诺沙星 2 克，连投 5~7 天为一疗程。

6. 固着类纤毛虫病

此病由原生动物固着类纤毛虫、聚缩虫、单缩虫、累枝虫和钟形虫寄生所致。它主要寄生在虾的鳃部和体表，呈灰黑色绒毛状，病虾离群独游，食欲不振，镜检可见大量纤毛虫充塞于鳃丝之间，严重影响鳃的呼吸功能，使虾对环境的溶氧量要求提高，特别是在对虾蜕壳期间易造成对虾窒息而死亡。

流行情况：主要发生在水质不良、含有机物多的水体中，虾的越冬、育苗、养成各阶段均可发生。

预防：经常更换池水，准确投饵，每个月全池泼洒一次"甲壳宁"，每亩每米水深 150 克。

治疗：全池泼洒溴氯海因，每亩每米水深 200 克，隔天再全池泼洒溴氯

海因，每亩每米水深 200 克。病情严重时，隔天再用一次"甲壳宁"。

7. 蜕壳综合征

此病是由于放苗密度过大、投料不足，尤其是饵料中含钙和磷不均衡及水体理化因子骤变、水质不稳定等环境变化所引起。患病的虾甲壳变软，体色变红，鳃丝发红或发白，有的还伴有零星黑色斑点，活力减弱。

流行情况：此病发病突然，流行范围广，死亡率高，全年均可发现，但多数发于雨季或季节交替之际，以 4—10 月份为高发期，对虾不论个体大小均可发病，但以 3~8 厘米幼虾发病较多。

预防：①经常泼洒生石灰，每亩每米水深 8~10 千克；②稳定水体环境，定期改良底质。每隔 10~15 天使用一次微生物制剂。

治疗：全池泼洒沸石粉每亩每米水深 30~50 千克；1 小时后全池泼洒"强壳宝"，每亩每米水深 300 克；同时在每千克饵料中添加"虾蟹硬壳素" 1~2 克、高稳维生素 C 2 克和复方恩诺沙星 2 克，连投 7~10 天为一疗程。

8. 亚硝酸盐中毒症

此病是养殖池中亚硝酸盐含量过高所致。患病的虾主要表现为不摄食、空胃、游动缓慢，弹跳无力，似缺氧状态或聚集在池中缓慢游动。病虾尾部、足部和触须发红，临死时体色最先变成青紫色，继而呈灰白色。一般刚蜕壳的软壳虾容易中毒，蜕壳高峰期常出现急性死亡现象。

流行情况：主要发生在水质混浊、透明度小、池底污染严重的池塘，特别是高密度养殖的高位池及精养池。大棚培育虾苗时，由于放养密度高，虾的排泄物增加，水质恶化，特别是天气转暖时更易发生亚硝酸盐中毒。

预防：①保持适宜的精养密度；②不使用有机物肥水；③彻底清淤；④培养良好水色透明度。

治疗：①使用微生物制剂改良底质和水质；②开增氧机；③使用沸石粉，每亩每米水深用量为 20 千克左右；④使用降解亚硝酸盐药物。

9. 应激反应症

此病主要是由于养殖水体各种理化因子突变，引起继发性细菌、病毒感染所致。当水体中环境因子突变时，会出现大量死亡，但基本上没有什么明显症状，仅仅表现为触须及尾扇变红，或部分虾伴随鳃变黄、发黑等现象。

流行情况：主要流行于高温多雨的夏秋季节，常发生在气温突变、暴雨和大量排水之后。在透明度达 60 厘米以上时，也易发生。

预防：①彻底清淤；②保持水体水色和透明度在良好状态；③经常使用微生物制剂。

治疗：①增加氧气；②慎用各种药物；③准确投饵；④做好水质的监测和调控工作。

10. 烂眼病

症状：眼球肿胀，由黑色变成褐色，进而溃烂，有的只剩下眼柄。病虾漂浮于水面翻滚。

防治：全池泼洒二溴海因复合消毒剂，浓度为 0.3 克/米^3，连续泼 2 天，同时内服抗菌药，每千克饲料内添加氟苯尼考（10%）0.5 克，连续喂 3 天即可。

11. 褐斑病

症状：病虾体表甲壳和附肢上有黑褐色或黑色斑点状溃疡，斑点的边缘较浅，中间颜色深。

防治：连续 2 天泼洒碘季铵盐，浓度为 0.2 克/米^3。同时每千克饲料中

添加氟苯尼考（10%）0.5 克，连续内服 5 天。

12. 痉挛病

病因：缺钙、磷、镁及 B 族维生素等，水体透明度过高，水中钙磷比例失调。

症状：病虾躯干弯曲，背部弓起，僵硬，无弹跳力，不久死亡。

防治：加大换水量，提高池塘水位，将透明度控制在 30~40 厘米，饲料内适当添加钙、磷及维生素 B 等微量元素。水温在 30℃ 以上时少惊动虾池内的对虾。

13. 蓝藻中毒

病因：因池内微囊藻过量繁殖。当藻体大量死亡时，经细菌分解产生硫化氢等有毒物质，引起对虾中毒死亡。

诊断方法：池水表层出现大量蓝绿色或铜绿色浮游藻类，当有风时，下风处水表层会积聚很多微囊藻，并有腥臭味，对虾即可能中毒。

防治：①准确投饲料，以免残饵积聚太多；②用络合铜全池泼洒，浓度为 0.7 克/米^3，或用"青苔净"全池泼洒，浓度为 0.3 克/米^3，过 3 天后再泼洒一次。要注意的是，用药时容易缺氧，使用时必须开增氧机，预防泛塘。

14. 死底症（偷死症）

病因：放苗密度过大，缺氧、水质变坏、投饵量过大，造成虾池氮素积累，氨氮、亚硝酸和硝酸氮偏高，低盐度虾池亚硝酸氮高于 0.5 毫克/升，即会出现"死底"现象。而盐度高的水体，亚硝酸氮高于 4.0 毫克/升，也会发现"死底"现象。

防治：强力增氧，放苗 30 天后全池泼洒 1 次纯化硝化细菌，每亩 1 000

克；放苗 40 天左右，每隔 20 天用"降解灵"每亩每米水深用量为 500 克全池泼洒；准确投饲料，加强水质调控，可经常使用有益菌，保持良好水质。

15. 治疗措施举例

(1) 对虾弧菌病治疗 弧菌病是细菌病的一种，是对虾养殖过程中危害最大、最普遍的一种虾病，也是最难治愈的虾病之一，其治愈难度与病毒性疾病相差无几。其病原是副溶血弧菌、溶藻弧菌，平时广泛潜伏于海水或虾体内，是一种条件致病菌。一旦养殖水体环境不良，底质恶化，投饵过量或不新鲜，虾体受机械损伤等原因，对虾就会大量发生弧菌病，感染率可达100%，发病严重的虾池死亡率可高达 90%。其症状是游泳无方向，活动力减弱，多数沉于水底不动，食欲不振，摄食量大减等。

治疗方法：①第一天全池泼洒石粉，浓度为 10~20 毫克/升，或其他环境改良剂，以达到改善水质和底质的目的，3 小时后全池泼洒溴氯海因，浓度为 0.8 毫克/升，或二溴海因，浓度为 0.5 毫克/升；②第三天全池泼洒溴氯海因或二溴海因一次（两者可交替使用）；③第五天全池泼洒活力菌 1~2毫克/升，或光合细菌 10.0 毫克/升，以迅速恢复水体环境中有益菌的优势种群，抑制有害菌的繁殖，维持池中的生态平衡；④从第一天开始，在每千克饲料添加活力菌 2~3 克、"肠炎停" 5 克，连投 5~7 天为一疗程，若病情严重，隔天再重复一疗程。同时须保持池中溶氧量不低于 5 毫克/升，以降低有毒物质的毒性，加速水中有机物的分解。

(2) 中草药治疗南美白对虾病 2000 年 5 月，广东省珠海市斗门县白蕉镇养殖的南美白对虾大批死亡，接着附近的一些地区也有类似的病情发生。病虾体长 4~5 厘米。该病感染的病虾，触须和尾扇变红，随后体色变白，并发现少量白斑病，肌肉呈坏死状，失去弹性，虾活动能力减弱，摄食能力降低，不久即死亡，可能是弧菌病感染引起。

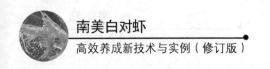

治疗方法：用大黄、穿心莲，再加上聚维铜碘，混合在饲料中，每吨饲料中，加入上述药 54 千克，连续喂一周，第三天开始检查，发现病虾情况开始好转，整个虾塘病虾也明显减少，一周以后病情全部消除。之后，又用同样方法处理其他同样疾病的虾塘，也取得相同的效果。

（3）南美白对虾桃拉病治疗方法　①投放大规格的罗氏沼虾（低盐地区，主要是内陆地区使用，高盐区不适宜罗氏沼虾生长，不宜投放），利用罗氏沼虾的生活习性，让其充当"清道夫"的角色。切断水平传播途径，防止健康虾吃死虾而感染；另一方面，防止死虾腐烂后释放出大量的亚硝酸盐和硫化氢，造成水质恶化；②同时选用聚维铜碘、季铵盐等能杀死病毒的药物消毒水体，隔日连用 3~4 次；期间施沸石粉 20~25 千克/亩，或底质改良剂 1.0~1.5 千克/亩，稳定水质；③内服一些抗菌抗病毒和增强体质的药物，如抗病毒加维生素 C 等，连喂 4~5 天，停药 2 天后，再继续喂至没有死虾为止；④最后一次水体消毒的药失效后，补加微生物制剂调节水质；⑤加开增氧机，使池水保持较高溶解氧，提高抗病力。经过上述处理后，一般情况下，5~7 天可控制病情，并逐步恢复正常。上述的处理方法，还适用于白斑综合征和杆状病毒感染。

三、虾病的综合防治

1. 预防措施

（1）彻底晒塘、清淤　晒塘和清淤是对虾养殖，特别是土池精养的第一个环节。它的重要性犹如建设一座大厦的基础工作，必须认真做好，绝不能采取侥幸心理。它关系到养虾的成败。这是因为，水质的好坏，决定养虾的成败，而水质变坏是由底质恶化引起。只要养虾，虾的排泄物、残存饲料和生物尸体等就不可避免地污染底质，加上养殖大环境，例如海区水体的富营养化和环境污染，又直接影响水源的质量，虾塘老化是养殖对虾的必然现象，虾病往往是由于底质恶化导致水质恶化所引起。

晒塘和清淤必须在放虾苗前完成，清淤的最彻底方法是使用推土机，没有这个条件的地区，应采用水枪或其他措施清淤，最大限度地把淤泥清除。晒塘时，要使底泥龟裂发白。

（2）彻底毒塘　毒塘又叫清塘，是对虾养殖过程中必不可少、极其重要的环节。

毒塘是在放虾苗前，用药物把池中所有鱼、虾、蟹等敌害生物和各种病菌、病毒、寄生虫等所有生物杀死，以提高对虾成活率和防止虾病的发生。

毒塘方法：进水 10 厘米左右，以水刚把滩面淹没为宜，这既可以达到毒塘目的，又可以节约成本。使用药物以茶籽饼和敌百虫最好。茶籽饼浓度为30 毫克/升，敌百虫浓度为 2 毫克/升。毒塘时，先把敌百虫捣碎，然后加水溶解，随后与已经溶解的茶籽饼混合搅匀，全池均匀泼洒，30 分钟左右各种生物即开始死亡。毒塘后的茶籽饼和敌百虫不要排走，因为这些药物 7 天左右完全失效，茶籽饼有肥水作用，可减少肥水物质数量，节约成本。

（3）调节盐度　南美白对虾生长过程必须有适当的盐度。在放苗前，最低盐度应在 3 以上，当然有条件时能高些更好。

（4）水体消毒　水体消毒是指未放虾苗前，在池水进满后对养殖水体进行一次消毒，目的是杀死病原体，保护有益生物。

水体消毒浓度以保护养殖生物为原则，保护池中有益生物。

水体消毒常用二溴海因，所用浓度以含 20% 有效溴计算，为 1 毫克/升。聚维酮碘也是良好的消毒剂，浓度以含有效碘 2% 计算，为 1 毫克/升。

（5）培养基础饲料生物，维持养殖水体生态平衡　培养基础饲料生物又叫肥水。它是防止虾发病的最重要措施之一。

培养基础饲料生物，其中包括浮游植物。浮游植物是池塘中溶解氧的主

要来源。充足的溶解氧，能保证对虾在良好环境中正常生长；同时充足的溶解氧又是改良水质和底质的必需物质。只有充足的氧气参与底质的氧化作用，才能分解池底污染物，减少污染，维持水体的生态平衡。

（6）投优质虾苗　虾苗是对虾养殖的基础。对虾养殖是高风险产业，其高风险除容易发病和价格偏低外，虾苗质量也是其中因素之一。放养无病毒、活力强、规格整齐的健康苗是对虾养殖成功和高产、稳产、高效的重要保证。相反，如果放养的虾苗带病毒或带病、活力差、大小不整齐、育苗中过量使用抗生素等，会影响其成活率、抗病力、生长，甚至导致失败。为此，在购买虾苗时必须购买优质虾苗。

购买虾苗应注意如下事项：

①就近买虾苗是买到优质虾苗的重要保证。即凡买虾苗，务必亲自到虾苗场亲自观看虾苗。到虾苗场时，在选定特定育苗池的虾苗后，让虾苗场有关人员捞底层虾苗观看，如果虾苗活力强、无特殊颜色出现，表明虾苗健康，可以购买，若相反，则坚决不买。

②做好淡化工作。

③务必计数，绝不能估数。

④虾苗运到虾塘后，务必放在养殖池中浸30分钟以上，使虾苗袋内水温与池塘水温差小于或等于2℃，随后解袋放苗。

（7）投优质饲料、准确投料　饲料质量好坏和饲料投喂量是否准确决定养虾成败。大量事实表明，投喂优质饲料和准确投喂饲料是养虾成功的重要保证，为此，应买优质名牌饲料，不要贪便宜购买劣质饲料。

准确投饲料要认真做好放虾苗后确定开始投饲料时间的工作。一般的精养虾塘，在放苗后20~25天内不要开始投饲料，具体方法应在实践中掌握。此外，凡养殖对虾，不管虾塘大小，均应设两个以上饲料台。通过对饲料台内饲料状况的观测，决定增减饲料或采取其他处理措施。

（8）改良底质 放虾苗后到收虾的全过程，底质改良工作是关系到养虾成败的关键性措施。这是因为，虾池水质的变化，主要是由底质变化引起。虾塘底质的变化由多方面因素引起，其中虾的排泄物、残存饲料和生物尸体是最重要的污染源。这种污染源到了养殖的中、后期越来越严重，若不及时清除，会污染底质，导致水质恶化，有害的氨氮、亚硝酸盐和硫化氢等含量不断增加，使虾生长环境恶化，诱发虾发病。

改良底质的最有效方法是使用微生物制剂。使用微生物制剂养虾，是对虾养殖技术的重大突破。它具有去碳、去氮、杀灭病毒、降解有害药物、絮凝、反硝化、消除污泥等作用。

使用微生物制剂应注意如下事项：①使用优质名牌产品；②定时使用；③尽早使用；④交替使用；⑤活化；⑥不与抗生素及各种消毒杀菌类药物同时使用。

（9）水质监测和水质调控

①水色和透明度。水色和透明度是反映水质好坏的最重要因素之一。它反映池中浮游生物的种类组成及数量指标，是决定养对虾成败的关键因素。

良好水色是黄褐色和绿色，黄褐色以硅藻为主，绿色以绿藻为主。

透明度以 10~20 厘米最好。目前许多水产养殖工作者、虾农和书刊，对透明度有不同认识，笔者也不例外。笔者在 10 年前认为透明度在 30~40 厘米最好，但在近 10 年间，通过对全国许多省份观察与调查，发现绝大多数虾农都认为，肥水（10~20 厘米）比瘦水（50 厘米以上）好。其原因是肥水虾塘的溶氧量比瘦水高。当两种透明度遇到不良天气，如阴雨天、暴雨、大暴雨和台风时，肥水贮存的溶氧量高，足以供应虾及各种生物以及底质改良的需要，不产生缺氧状况，虾可以避免应激反应，可避免虾病发生。相反，瘦水由于溶氧量低，缺氧，产生应激反应，导致对虾发病。

透明度的大小，还影响到有毒物质的存在状况。笔者曾养殖过对虾，养

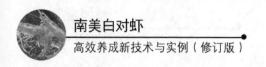

成每天都测定水质各要素变化的习惯，并做好记录，即有每天都写养殖日志的习惯，结果发现一个这样的现象：透明度在正常值时，测得的氨氮为零，滴定后的水样无色透明。当透明度达 100 厘米时，氨氮的滴定水样由无色变为淡黄色；当透明度达 150 厘米，即看到池底时，水色更黄，对虾摄食量开始下降。后来立即采取措施使透明度降低，调节到 30 厘米以内时，测定氨氮的水样又恢复为无色，虾的摄食也开始正常。由此可见，及时调节水色和透明度，是对虾养殖极其重要的环节。

水色和透明度务必做到及时发现、及时处理、分秒必争、雷厉风行。这是因为，水色和透明度一旦开始变化，如透明度开始加大，如立即采取施肥措施，可以在 6~8 小时内使水色和透明度恢复到正常水平，避免养殖事故的发生，所用肥料费用也少。相反，如果透明度加大后不及时处理，后果不堪设想。笔者 2002 年在广东省珠海市斗门镇对养虾户作售后服务工作时，有一位虾农的虾塘透明度由原来的 30 厘米突然变为 100 厘米以上，可以清楚看到池底，可以看到放下 20 余天的幼虾在池底游动。笔者当即建议立即施肥，越快越好，否则虾会发病。当时该虾农不以为然，感到笔者是吓唬他，并没有采取施肥措施。结果到第二天，笔者接到该虾农电话，说有不正常个体出现，并有个别死虾。后来尽管采取许多补救措施，降低损失，但其损失也是很大的。这是极其深刻的教训。

判断水色和透明度务必把两者结合起来，不能单独判断。例如，雨后池塘透明度会降低到 20~30 厘米，甚至更低，这不是好水色和透明度，因为这时透明度是受泥沙影响。

调节水色和透明度的肥料物质以完全溶解于水、没有残留和效果显著为原则。例如，单细胞藻类生长素、尿素和过磷酸钙等都是良好肥水物。而米糠、花生麸和鸡粪等不是好的施肥物质。如果用鸡粪肥水，一定要打包浸泡，不能直接泼在池塘里。

②溶解氧。氧气是对虾生存的物质基础。池塘几乎所有指标都与池塘溶解氧的含量有着直接或间接的关系，提高池塘溶解氧含量，是水质管理中的关键。

池塘溶解氧对对虾的生长和环境产生如下影响。

影响对虾的新陈代谢与生长：在池塘溶氧量正常的情况下，对虾正常生长，当缺氧时，可引起对虾浮头，这在台风季节特别明显。当台风来临时，尽管开增氧机，但虾仍然浮头，表明台风低压会引起严重缺氧，影响对虾的新陈代谢和生长。

影响饲料利用率：饲料的利用率与池塘溶氧量密切相关。溶氧量越高，饲料利用率越高，对虾生长速度越快。

影响底质和水质：池塘溶氧量充足时，能有效降解池底有机物；当溶解氧降低时，硝酸铵还原成氨，同时也增大了非离子氨的毒性。因此，保持水中有充足的溶解氧，是减少氨毒性的手段之一。防止氨和其他有毒物质积累的最有效方法是提高池塘溶氧量。

影响对虾疾病状况：池塘溶氧量的多少与对虾疾病有密切关系，这在恶劣天气特别明显。每年的雨季或台风天气，是虾病的多发季节。其特点是，恶劣天气由于阳光不足，使浮游植物的光合作用减弱，产生的氧气明显减少，导致池塘缺氧从而引起对虾发病。

增加氧气有如下方法：培养好基础饲料生物，因为基础饲料中的浮游植物是池塘溶解氧的主要来源，养殖全过程必须保持池中良好的水色和透明度；开增氧机；施增氧剂；施沸石粉；换水。

③酸碱度。对虾在酸碱度为 7.6~9.5 都能正常生长，但以 8.0~8.5 为最好。pH 值偏高或偏低对对虾的生长都不利。偏低铁离子和硫化氢的浓度都会增高；偏高会增加氨的毒性。此外，pH 值偏离了中性到弱碱性范围，而变得过高或过低时，都会抑制浮游植物的光合作用和腐败菌的分解作用，从而影

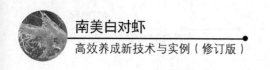
响对虾的呼吸及水体氧气状况，也严重影响水体的生物生产力。

pH 值偏高的调节方法：抑制浮游植物的过度繁殖，可以降低 pH 值；换水可降低 pH 值；茶籽饼、明矾、醋酸可降低 pH 值；有条件的地区加淡水也可以降低 pH 值。

pH 值偏低的调节方法：改良底质，防止有机物的增加；换水；培养单细胞藻类，降低透明度；施石灰。

④氨氮、亚硝酸、硫化氨。氨氮、亚硝酸、硫化氢是反映虾塘水质的重要指标之一，养殖过程中常用这三个因素判断水质的好坏。

虾池中氮的来源主要是虾的排泄物、残饵、生物尸体、有机物和生命活动中体内氨代谢产物。氨氮、亚硝酸和硫化氢的产生及其含量均与这些污染源有关。氨氮的安全浓度为 0.6 毫克/升、亚硝酸为 0.1 毫克/升、硫化氢为 0.01 毫克/升。其含量超过安全浓度时，应及时调节。调节方法有以下几种：

使用微生物制剂：我国农业部已批准使用的菌种有芽孢杆菌、乳酸杆菌、类链球菌、酵母菌、噬菌蛭弧菌和脆弱拟杆菌六大类微生物。其中光合细菌、硝化细菌、乳酸菌、芽孢杆菌和噬菌蛭弧菌等能化解池底污染物，从而减少或降低氨氮、亚硝酸和硫化氢的含量，起改良水质和底质的作用。

使用微生物制剂时应注意的是，若使用消毒剂或抗生素类药物，应使药物失效后再使用，否则会影响微生物制剂的效果，因为微生物制剂的菌种是有生命力的活体。

增加氧气：在虾池中，氨氮、亚硝酸氮、硝酸氮及其他含氮化合物构成一个复杂的循环系统，相互转化，在一定的条件下处于平衡状态。通常氨氮可在微生物作用下硝化转为硝酸盐，成为藻类、水生植物的营养盐。但在氧气不足时厌氧性细菌就将其转变为毒性甚强的亚硝酸盐。在氧气不足时，也使氨氮和硫化氢含量增加。因此，采取各种措施增氧，如开增氧机、施增氧剂、施沸石粉等，是降低有毒物质含量的保证。

此外，还应做到以下几点：准确投饲料；合理放苗；适当换水；防止浒苔和大型藻类的生长。

⑤盐度。对虾生长需要一定的生存盐度和最适生长盐度。掌握对虾这些特征对安排生产、预防疾病发生有重要意义。例如，在河口地区，特别是径流量大的海区，盐度变化非常大，在1~2天内可使盐度降低10以上，甚至可使盐度从1~3降至0。如果出现后者，将使养殖停止，被迫打井抽咸水，或买海水或代用品，损失非常严重。如果掌握本地区盐度变化规律，适时引进养殖用水，可以达到少投入、高效益的养殖效果。

⑥水温。水温只能掌握不能控制。对虾是变温动物，在适温范围内，温度越高，生长速度越快。为此，应根据南美白对虾的生态特征，安排养殖生产，这对提高经济效益有重要意义。例如，在广东省珠江三角洲地区，一般的精养土池养殖南美白对虾，每亩一造收虾500千克，通常养殖100天左右，若每亩纯利润为4000元，则平均每天纯利润为40元。如果是养殖50亩，则每天可盈利2000元。这意味着，错过一天的养殖时间，损失2000元。此外，我国许多地区，特别是华南地区，适宜养殖冬棚虾，其经济效益比正常养殖白对虾更好。而掌握水温变化规律，对安排生产尤为重要。例如，2009年11月中旬华南地区出现50年一遇的低温，为7℃。这个温度会使南美白对虾致死。有的虾农搭的冬棚虾在这个时候尚未入棚，导致虾被冻死，损失惨重。而按正常生产安排，应在10月下旬入棚。如果懂得水温对安排搭棚时间和入棚时间的重要性，就可以避免这场重大损失。

⑦水深。水深从三个方面影响养殖效果。

对放苗数量的影响：在面积相同的情况下，水位越高，容水量就越大，放苗数量可相应增加。

影响对虾生长速度：在放苗数量相同的情况，水位越高，密度就越小，生长速度就越快。

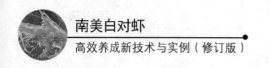

影响溶氧量：在放苗密度相同的情况下，水位越高，含氧量也越高，更有利于对虾生长，从这个意义上讲，水位越高，发病可能性越少。

提高水位，增加水容量的方法：添水，在安全的前提下，应使水位达到最高；在开挖虾塘时，应尽最大努力，使池水深度增加。新开挖的虾塘，最好达 2.0~2.5 米。有报道指出，水深达 3.5 米养虾可取得良好效果。

⑧实行全封闭养殖模式。全封闭养殖模式是指养殖全过程不排水、不换水、不添水，水位由降雨调节。这项技术 1997 年以前在泰国取得成功。随后我国福建省同安地区 1997 年也取得成功。但这个模式要设蓄水池，利用蓄水池的水进行换水。蓄水对水体交换、防止疾病交叉感染无疑起积极作用。但其最大缺点是蓄水池占用很大的养殖面积，费用大大增加，没有推广价值。笔者为了解决这个难题，于 1998 年在广东省深圳市宝安水产研究所领导的大力支持下，利用微生态学平衡的原理，使用中国水产科学研究院南海水产研究所研制的微生物制剂——"利生素"改良底质，不设蓄水池，在 6 个池塘，每个面积 10 亩左右，进行全封闭式养殖斑节对虾试验取得成功。为了验证以上模式的可靠性，于 1999 年又进行了相同试验，同样取得成功。两年的养殖时间分别为 148 天和 151 天。深圳市宝安区农业局于 1998 年 6 月 12 日在试验基地召开现场会，得到与会者的好评，并召开本项技术推广会议对本项技术进行推广。

本项养殖技术有两个重要技术突破：杜绝病原通过水交换传播和减少环境应激，起防病作用；解决河口低盐区换水难的矛盾，使原来许多不能养殖对虾的地区能够养殖对虾。

随着养殖技术的不断提高，全封闭养殖模式和技术也不断提高。例如，在华南一些地区，一池水养殖 2~3 造虾均可取得成功。

⑨铺地膜养殖。铺地膜的最大好处有两点：一是防漏。有些地区是砂质底，渗漏非常严重，严重影响养殖。通过铺地膜，可防止漏水。二是防止底

质污染。有些地区底质很软，淤泥很厚，无法用推土机清淤。通过铺地膜，可以防止底质污染。

铺地膜常应用在高位池养殖和沿海地区养殖。铺地膜常与排污系统同时建立。排污系统的排污孔设在虾塘中央。通过增氧机搅动水体流动，把池中污物集中到中央，通过管道连接把污物排出池外，避免污物污染底质。

⑩混养轮养。混养是指利用不同养殖品种的生态特征进行混养。这种模式尽管经济效益比不上精养对虾，但由于该模式大大减少虾病的发生，达到稳产的目的，从长远角度分析，这种养殖模式具有广阔的发展前景。实践表明，这种模式近年来发展迅猛，是广大虾农致富的成功之路。

轮养是指一个池塘在不同的年份养殖鱼、虾或其他品种，这种养殖模式起改良底质的作用，达到防病的目的。

⑪慎用杀菌消毒类药物。有专家提出："药物防治手段仍是水产动物病害防治的一个重要措施。"对此，笔者认为药物防治虽然重要，但不能作为首选，应以预防为主。这是因为，药物不仅能把病菌、病毒杀死，也把池中有益微生物杀死。虾在健康状态时，在其内、外环境中存在着一个相对稳定的微生物优势种群，组成正常的微生物群，既参与宿主的"生理系统"活动，又能很好地促进有益菌的生长，抑制有害菌的增生，形成抵御致病菌的第一道防线。在常态下，虾、微生物和生态环境三者构成一个"动态平衡"，在一定的允许范围内，此种平衡有相对的稳定性，虾不易发病。而使用各种消毒剂或抗生素类药物后，使水体、虾体表及体内有益微生物遭破坏，降低或失去免疫力，病原体便突破首道"防线"，侵入体内，导致虾发病。

对虾养殖全过程的防病措施应以生态预防为主，在一般情况下，不使用消毒剂或抗生素类药。若非用不可时，应选择性地使用副作用少、效果好的药物。

⑫喂药饵。喂药饵是预防对虾发病的极其重要措施之一。在饲料中添加

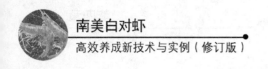

微生物制剂，是目前最好的药饵之一。

微生物制剂有如下作用：

维持正常菌系的微生态平衡：水产动物肠道内存在一定数量的微生物种群，这些菌群自动物出生后就在其肠道内，并处于一定的动态平衡之下。当机体受到各种不良因素，如环境温度变化、饲料突变、环境卫生差和环境应激状态及长期使用抗生素时，这种平衡就会失调。原有优势种群发生更替，造成水产动物机体抵抗力下降。此时使用微生物制剂，有益菌群在肠道内大量增生，通过产生抗生物质，降低肠道 pH 值以及与有害菌竞争养分和附着部位，从而保持和恢复肠道内微生物菌群的平衡。

生物夺氧：水产动物肠道内的正常菌群以厌氧菌为主。当益生菌以孢子状态进入消化道后，迅速增殖，消耗肠内大量氧气，使肠内氧气浓度下降，造成不利于致病性好氧菌生长的环境，有助于厌氧微生物的生长，恢复正常菌群平衡，达到预防疾病、治疗疾病和促进生长的目的。

抑制病原体增殖：当益生菌进入肠道后，造成病原菌和有害菌不利的生长环境，或与有害菌竞争定居部位，抑制病原菌附着到肠细胞壁上，与病原菌发生竞争性拮抗作用，将其驱出定植地点。

合成酶和维生素：微生物制剂在体内可产生各种消化酶并合成多种维生素，如叶酸、烟酸、维生素 B_1、维生素 B_2 等。依靠这些能结合成许多生物活动物质（有机酸、醇、脂类等化合物），其中大多数物质被吸收，参与能量和维生素代谢，在保证水产动物生命活动中起重要作用，从而加强动物体的营养代谢。

增强机体免疫力：有一些微生物制剂是良好的免疫激活剂，能促进淋巴细菌的发育，有助于维持这些组织处于高度反应的"准备状态"，提高水产动物抗体水平和巨噬细胞的活性，增强机体体液免疫和细胞免疫功能，及时杀灭侵入体内的致病菌，防止疾病发生。如乳酸菌能产生一种免疫调节因子，刺激肠道局部免疫反应，并可刺激动物体内产生干扰素，提高免疫球蛋白的浓度和巨噬细胞的活性，从而增强机体抗病力。

净化养殖水体：益生菌中的乳酸菌能产生氨基氧化酶和分解硫化物的酶类，可将臭源吲哚化合物完全氧化成无毒害、无臭、无污染的物质。另外，有益微生物经水产动物排泄到体外环境中，能利用水环境中过多有机物合成菌体物质，从而降低环境中氨氮、亚硝酸氮、硫化氢等有害物质的含量，净化养殖水环境。

四、对虾疾病的药物防治技术

1. 药物选择原则及用药注意事项

(1) 药物选择的原则

①有效性：从疗效方面考虑，首先要看药物对某种疾病的治疗效果。在治疗过程中，应坚持高效、速效和长效的原则。

②安全性：从安全方面考虑，各种药物或多或少都有一定的副作用。因此，在选择药物时，既要看到药物的治疗效果，又要考虑药物可能引起的不良效果。药物安全性要考虑以下四个方面：药物对虾本身可能产生的副作用；对水域环境的污染；对人体健康的影响；符合绿色食物要求，符合出口要求。

③方便性：对虾用药量比较大，要考虑到操作方便、容易掌握。

④廉价性：在保证疗效和安全的前提下，应选择廉价易得的药物。

(2) 药物使用注意事项

①正确诊断，对症下药。

②了解药物性质，掌握使用方法。

③了解水质环境，合理准确施放药量。

④注意不同发育阶段用量的差异性。

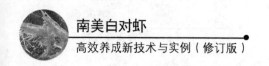
⑤注意药物相互作用，避免配伍禁忌。

⑥防滥用药物，注意不良反应和积聚中毒。

⑦认真观察对虾动态，注意总结预防效果。

2. 用药方法

（1）遍洒法 遍洒法又称全池泼洒法，是对虾养殖过程中最常用的方法。通常在预防和治疗时使用。这对某些病原体有强大的杀灭效果，而对虾没有影响。

使用这种方法时应注意的是：准确测量池中水体体积，准确用量；所用药物应用水完全溶解，并尽可能多地加水稀释，降低浓度，以便达到均匀泼洒的目的；对光敏感的药物应在晚上使用；泼洒药物时，应在投完饲料后才泼洒；有增氧机的池塘，在泼洒完药物后，立即开增氧机；清晨容易缺氧，故不要在清晨用药。

在用药时，有时使用两种以上药物混合使用。两种以上药物混合使用可能会出现两种截然不同的结果：一是拮抗作用，使药物效果互相抵消而减弱药效；二是协同作用，使药物互相帮助而加强药物效果。因此，在使用两种药物时，必须掌握好两种药物之间的作用效果，以免发生药害。常用虾药的混用方法见表4-2所示。

表4-2 常用虾药的混用方法

药名	高锰酸钾	硫酸铜	硫酸亚铁	敌百虫	碱性绿	生石灰	大蒜	大黄	氢氧化铵	醋酸	柠檬酸	食盐
漂白粉				×								√

续表

药名	高锰酸钾	硫酸铜	硫酸亚铁	敌百虫	碱性绿	生石灰	大蒜	大黄	氢氧化铵	醋酸	柠檬酸	食盐
食盐	√						√	√				
硫酸铜	√		√			×	√	√	√	√	√	
敌百虫		√	√			×						
福尔马林					√							
小苏打		×								×	×	√
面碱				√								

注："√"表示可同时使用，"×"表示不可同时使用。

在这里要特别指出的是，敌百虫绝对不能和生石灰同时使用。因为它们同时使用时，会反应产生敌敌畏，毒性增强100倍。此外，漂白粉不能和生石灰同时使用。

（2）**口服法** 此法是将所需药物按一定剂量均匀地加入饲料中制成适口的药物饲料投喂。可根据药物的性质采取不同的配制方法。性质比较稳定，在加工过程中不受热和光以及水分解变质的药物，如恩诺沙星等，可将药物溶于水中再均匀喷洒在配合饲料中，制成药饵稍晾干后投喂；性质不稳定，

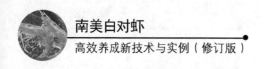

见光和热易分解变质的药物，如维生素 C 等，可将药物溶于水后均匀喷洒在已制好的配合饲料上，稍晾干，再均匀喷洒一层植物油（豆油、花生等）或渔用鱼肝油，添加量为饲料的 0.1%～0.3%，使药饵表面形成一层油膜，防止投饲料后饲料中的药物溶于水中。用药一般 5～7 天为一疗程。

口服法是预防和治疗虾病最有效的措施之一。如果及时发现虾病，在虾仍摄食的情况下，投放内服药，会取得立竿见影的效果。

使用内服药时，应先停食 1～2 餐，使虾处于饥饿状态，虾更容易摄食药饵。

3. 治疗效果的判定

(1) 死亡情况　用药物 2～3 天死亡虾数目减少，表明药物有效。如果用药 3 天以后，死亡数目没有减少，反而增多，则表明药物无效。

(2) 摄食情况　如果用药后 2～3 天摄食量稳定或增加，表明药物有效。如果用药后第三天摄食量不但没有增加，反而继续减少，表明药物无效。观察饲料摄食状况的方法是使用饲料缯。

(3) 游泳状况　用药后 2～3 天，如果虾在池边或池塘中游泳数量减少，或停在池边数量减少，表明药物有效，相反，则无效。

4. 常用药物

(1) 毒塘消毒药物

①茶籽饼。又称茶麸，是毒塘最好的药物之一。它是油茶榨油后的残渣，其中含有 10%～15% 的皂角碱，属溶血性毒类，其毒力随盐度升高而加强，随盐度降低而下降。其对鱼的毒性比对虾类的毒性大 50 倍。

作用：杀死鱼类；有肥水作用，可改良水色和透明度，促进对虾蜕壳。

用法用量：毒塘时浓度为 30 毫克/升；中间毒塘浓度为 5 毫克/升。使用时，用水溶解，再加水稀释，全池均匀泼洒，30 分钟以后鱼和其他生物均出现异常现象，继而死亡。

注意事项：即配即用，这比长时间浸泡后使用效果更好。毒塘后药物不要排走。

②敌百虫。是一种有机磷酸酯，白色结晶，易溶于水。

作用：主要是抵制胆碱酯酶活性，能杀死塘中的虾类和蟹类。

用法用量：毒塘的浓度为 2 毫克/升。使用时，先将敌百虫捣碎，加水溶解搅匀，再加水稀释。在毒塘时，与茶籽饼一起搅匀全池泼洒，效果很好。

注意事项：不能与生石灰和漂白粉同时使用。

③生石灰。白色固体，加水后生成氢氧化钙，呈碱性，发热，能使水中 pH 值升高。

作用：在使用时能释放大量热能，可杀灭鱼、鱼卵、虾蟹类、昆虫、致病细菌、病毒等，同时具有调节水质、改良底质的作用，并为虾的生长提供钙元素。

用法用量：用没有风化的新鲜石灰，化浆后趁热泼洒，不能搁置。用量为 375 毫克/升以上。

注意事项：碱性较高的池塘不能用生石灰毒塘，因为生石灰会促进磷酸盐沉淀，降低有效磷的浓度，造成水体缺磷，抵制水生植物藻类的生长；下雨天不能使用；粉末状生石灰因潮湿而减弱杀菌效果，应即买即用。

④漂白粉。也称含氯石灰，是次氯酸钙、氯化钙和氢氧化钙的混合物，呈灰白色固体状，有强烈氯臭，能部分溶于水。

作用：漂白粉遇水或二氧化碳时，会放出次氯酸，有极强的杀菌消毒作用，也能把鱼、虾、蟹等敌害生物杀死。

用法用量：有效氯含量为 32% 时，用浓度为 30 毫克/升毒塘。用水稀释，全池均匀泼洒。在养殖时使用浓度为 1 毫克/升，可杀死病菌、细菌，全池均匀

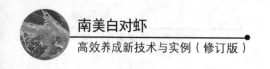

泼洒。

注意事项：不能与生石灰同时使用。另外，漂白粉性能不稳定，在毒塘时最好不要使用，特别是沿海有漏洞的虾塘，千万别用来毒塘。

（2）底质、水质改良药物

①微生物制剂。已广泛用于对虾养殖，它对改良底质和水质有良好作用。液态微生物制剂有光合细菌、EM 菌和神克隆菌等。固态的有利生素、活康素、养水活菌等，常以粉状保存，塑料袋包装。

作用：能分解碳系、氮系、磷系污染物，降低或消除氨氮、亚硝酸和硫化氢等有害物质，起改良底质和水质的作用。

用法用量：光合细菌和 EM 菌一般浓度为 5~10 毫克/升；其余干品微生物制剂通常是在第一次使用时，每亩用 1 千克，以后每隔 15 天左右每亩用 0.5 千克。干品要加水浸泡 4~5 小时，再加水稀释，全池均匀泼洒。内服也能取得良好效果，用量通常为饲料的 0.1%~0.3%。

注意事项：不能与消毒剂、杀菌剂等同时使用，两者相隔 5~7 天。

②沸石粉。主要成分是无机矿物质，含硅酸 69.38%、氧化钙 1.31%、氧化镁 0.6%、三氧化二铝 11.02%、氧化钠 3.34%、氧化钾 3.17%、三氧化二铁 0.92%、五氧化二磷 0.04%，为白色粉末状。

作用：可以有效地吸附水中氨氮，减少氨氮对亚硝菌的抑制，使亚硝酸盐向硝酸盐顺利转化，从而减少水体中亚硝酸浓度；增加氧气。

用法用量：一般每亩用 20~25 千克，每隔 15 天使用一次。在大雨和暴雨时使用，可防止对虾产生应激综合征，起防病作用。使用时直接干撒池中。

注意事项：不能加水溶解后再泼洒。因为加水后，氧化溢出，影响效果。

（3）杀菌消毒药物

①溴氯海因。白色或淡黄色粉末，有微氯臭，性状稳定，其有效溴氯含量达 92%以上，微溶于水。

作用：是高效广谱杀菌消毒剂，其主要作用是与水反应产生次溴酸，可杀灭细菌、真菌、芽孢及病毒。主要用于养殖水体消毒，其消毒作用不受水质、pH 值变化的影响。其杀菌能力为三氯异氰尿酸的 2~4 倍。

用法用量：以含有效溴氯 25% 计，浓度为 0.2~0.6 毫克/升，加水溶解稀释全池均匀泼洒。可根据病情酌情连用 2~3 次，每天或隔天 1 次。

注意事项：保存于阴凉干燥处，容器忌用金属类，溶液应随用随配。本品安全浓度较高，一般使用量为正常量的 2~3 倍也不会发生中毒反应。

②二溴海因。淡黄色粉末，有微氯臭，性状稳定，微溶于水，其有效溴含量达 95% 以上。

作用：同溴氯海因，其杀菌力是三氯异氰尿酸的 4 倍。

用法用量：以含有效溴 20% 计，浓度为 0.1~0.6 毫克/升。溶解于水，全池均匀泼洒。

注意事项：同溴氯海因。

③聚维酮碘。又称络合碘，为黄棕色至红棕色无定形粉末，在水和乙醇中溶解，溶液呈红棕色，原粉含有效碘为 9.0%~12.0%。

作用：本品为广谱消毒剂，可杀灭细菌、真菌及病毒。

用法用量：以有效碘含量为 2% 计，浓度为 0.1~0.3 毫克/升。用水溶解，全池均匀泼洒。本品除进行水体消毒外，还可以按饲料 0.1%~0.3% 的含量，溶解于水，均匀喷洒在饲料上投喂，可起治病作用。

注意事项：密闭遮光保存于阴凉干燥处。

④二氧化氯。在常温下为淡黄色气体，在水溶液中能被光分解，可制成无色、无味和不挥发的稳定性溶液，在 -5~95℃ 下作用稳定，含稳定二氧化氯 2% 以上。

作用：本品为广谱杀菌消毒、水质净化剂，其主要作用为氯化作用，可杀灭细菌、芽孢、病毒、原虫和藻类。主要用于养殖水体消毒。其消毒作用

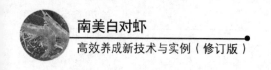

不受水质、pH 值变化的影响。

用法用量：本品在水溶液中能被光分解，使用时应在阴天或早晚无强光照射下进行。使用浓度为 0.5~4.0 毫克/升。加水稀释，全池均匀泼洒。使用前用药液 10 份与 1 份柠檬酸或醋酸活化 3~5 分钟，然后再全池泼洒。

注意事项：保存于阴凉避光处，容器宜用金属类；不可与其他消毒剂混合使用；养殖水体消毒不宜在阳光下进行；其杀菌效力随温度降低而减弱；使用前应充分活化后再全池泼洒。

⑤高锰酸钾。又叫灰锰氧、过锰酸钾、锰强灰，是碣石（二氧化锰）经过氧化制成的结晶，分子式为 $KMnO_4$。本品为细长菱形结晶颗粒，黑紫色，带蓝色的金属光泽，无臭味，遇易氧化物或某些有机物时，易发生强烈燃烧或爆炸，溶于冷水，亦溶于沸水，在碱性或微酸性水中会形成二氧化锰沉淀。

作用：为强氧化剂，通过氧化微生物体内活性基因而发挥杀菌作用。

用法用量：养虾过程中，在预防虾病时，使用浓度为 0.5~1.0 毫克/升，溶解于水，全池均匀泼洒。在虾发病时，使用浓度为 1~3 毫克/升。据报道，本品可用于杀死纤毛虫，使用浓度为 3~5 毫克/升。使用时将池水的大部分排走，留下小部分水，全池均匀泼洒，用药后 4 小时，把池水进满。

注意事项：本品有中度毒性，对虾有一定影响，不宜多次使用。存放在金属设备中遮光保存。

⑥福尔马林。又称甲醛。商品福尔马林含甲醛 36%，并加有 10%~12% 的甲醇以防聚合，分子式为 $HCHO$。

本品为无色或几乎无色的透明液体，有刺激特别强的臭味，刺激皮肤。在寒冷处久置，易发生混浊或有絮状沉淀。

作用：甲醛溶液作用于蛋白质的氨基部分，使其烷基化，能沉淀和凝固蛋白质而起杀菌作用。在虾类养殖中，用于虾体消毒、杀菌和驱虫。

用法用量：本品对虾类的半致死浓度为 235 毫克/升。对虾养殖过程使用浓度为 20 毫克/升。加水稀释, 全池泼洒。

注意事项: 本品有剧毒, 严禁与皮肤接触, 严禁入眼入口。其腐蚀性很强, 贮藏时应密封和防冻, 用不透明玻璃瓶保存。

(4) 内服药

①微生物制剂。含有一定数量的微生物及其代谢产物。其成分包括菌体、酶、蛋白质、氨基酸、维生素、微量元素以及促生长因子等。

作用: 微生物制剂中的菌群与寄生动物之间存在许多相互作用。在正常情况下, 这个复杂系统内部的不同菌之间保持着生态平衡, 它们既起着各种营养生理学的作用, 同时还抑制病菌的繁殖, 防御感染。当寄生动物受不良环境影响产生应激作用时, 动物胃肠道内微生物菌群就发生变化。而当应激超过其生理范围时, 消化道内菌群就失调, 微生态平衡被打破, 进而出现病理状态。微生物制剂不仅能维持消化道的微生物生态平衡, 加强肠道良性微生物的屏障功能, 而且还可以加强消化功能, 提高免疫机能和饲料转化率, 从而可直接促进水产动物的生长。此外, 对虾摄食微生物制剂后, 排出的粪便有微生物代谢产物, 起净化水质, 改良底质, 降低氨氮、亚硝酸和硫化氢等有毒物质含量的作用。

用法用量: 根据微生物制剂特点, 加到配合饲料中投喂, 投喂方法与普通饲料相同。通常微生物制剂的添加量是饲料的3%～5%。如果是自制饲料, 若是粉状的微生物制剂, 先溶解于水, 再喷洒到普通饲料上, 待晾干后再投喂。如果是液态光合细菌或 EM 菌, 应加水稀释, 均匀喷洒在饲料上, 待晾干后再投喂。

注意事项: 若先喂抗菌类药物, 应停喂 1～2 餐后, 再投含有微生物制剂的饲料, 更不能混合一起投喂。

②维生素 C。又称抗坏血酸。本品为白色结晶粉末, 无臭味, 味酸, 久置色变黄, 易溶于水, 微溶于乙醇, 不溶于氯仿和乙醚。

作用：可以防治组胺、氨分子及亚硝基态氮的急性或慢性中毒，加强伤口愈合，预防鱼类畸形。维生素 C 是最有效的抗应激药物之一。抗应激的原理是肾上腺中的维生素 C 参与肾上腺皮质激素的分泌。如果营养不良，肾上腺中的维生素 C 含量减少，会导致生理应激。因此，在应激期中，对维生素 C 的需要剧增。为了提高对应激的抵抗力，减少应激危害，最好的办法是在应激前，在饲料中添加正常剂量的 2.0~2.5 倍的维生素 C。

用法用量：维生素 C 易溶于水，容易失效，在使用时，先溶于水。随后喷洒在配合饲料上。稍晾干后，再喷洒一层植物油或鱼肝油，使饲料表面形成一层油膜，以保护饲料中的维生素 C。用量为饲料的 0.1%～0.3%，连喂 3~5 天。

注意事项：不能直接加入饲料使用，以防溶解于水中。

③大蒜和大蒜素。大蒜为百合科植物，药用部分为鳞茎，有效成分为大蒜素，是一种淡黄色液体，对皮肤有刺激作用。可与乙醇、乙醚、苯混合，遇碱、热均不稳定。

作用：可防治多种常见疾病，大蒜素中的三硫醚和二硫醚能透过病原菌的细胞膜进入细胞质中，破坏病原菌的正常新陈代谢，从而有效地抑制和杀灭多种病原微生物；大蒜素能调节机体多种酶的分泌，有效地促进营养物质的消化和吸收，从而有效地提高饲料利用率，降低饲料系数；它有较强的诱食作用，大蒜素有特殊强烈的蒜香，对嗅觉有强烈的刺激作用，引诱摄食，避免和减少饲料浪费。

用法用量：把新鲜大蒜打成浆状，直接加到饮料中投喂。用量为饲料的 1%～2%；也可以将大蒜打碎烘干后制成干粉，再添加到饲料中投喂，用量为饲料的 0.5%。大蒜素用量：以大蒜素含量为 25% 计，按饲料的 0.010%～0.015% 添加投喂。

注意事项：应均匀添加到饲料中才能使用。

④恩诺沙星。抗菌类药物，可杀死支原体、细菌。预防用量为 0.05% ~ 0.10%，治疗用量为 0.1% ~ 0.2%。溶解于水后添加到饲料中投喂，连喂 3 ~ 5 天。

此外，氟苯尼考和中草药穿心莲、黄连、板蓝根、大黄等在对虾病的防治中也起良好作用。

5. 禁用药物

为了人类的健康和安全，我国严禁使用高毒、高残留或具三致性（致癌、致畸、致突变）的渔药。严禁使用对水域环境有严重破坏而又难以修复的渔药，严禁直接向养殖水体泼洒抗菌素，严禁新近开发的人用新药作为渔药的主要或次要成分，禁用渔药见附录一。

第十八节　收获

卖虾是对虾养殖的最后环节，也是最简单和虾农最高兴的工作。但这项工作也非常重要，必须用科学方法收虾。这个工作做得好，可以提高经济效益，避免损失或减小损失。反之，则有可能带来重大经济损失。

一、做好卖虾的准备工作

1. 收虾设备的准备

在虾上市前，应把捕虾的设备和人员安排好，如虾网、虾笼和有关运输设备等。

2. 打听虾价

打听虾价是每个养殖户在卖虾前必须做的工作。应起码打听 3 个以上的

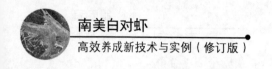
收虾经销商，以便卖到好价钱。

3. 现金交易

卖虾的常规是现金交易（包括转账）。没有实行现金交易的收虾经销商不宜交易。以往曾发生过一些虾农被经销商欺骗的现象，广大虾农，特别是初次养虾的虾农应提高警惕，以免上当受骗。

二、卖虾时间

1. 按照对虾生长季节卖虾

南美白对虾生存水温是9~47℃，15℃停止摄食，8℃开始死亡，有些虾农反映，在12℃时，也发现有虾被冻死。因此，在安排生产时，特别是虾已达到上市规格时，在降温季节，气温达到使虾冻死前，应及时收虾。我国对虾养殖已有20余年历史，在这个历史阶段，在不同时间、不同地区、不同年份都出现过虾已达上市规格，由于卖虾不及时以致被冻死的现象。例如，在广东省珠江三角洲地区，应在每年10月下旬至11月上旬，把普通养殖的虾收完。

2. 关注天气预报，及时卖虾

采取各种方法和途径，及时了解天气预报，做到及时卖虾，也是养虾的重要任务，这对于台风季节及冬季寒潮更有重要意义。

2003年8月6日有一个十三级特大台风在广东省湛江市登陆。在湛江市南山岛有一位养殖户养殖有100余亩斑节对虾，已达到上市规格，虾商愿意以每千克42元的价格到虾塘收虾。但该虾农仍嫌价钱低（事实上，价钱已较高，每千克利润达20余元），不愿卖虾。就在这个时候，上述台风在该岛正面登陆。连续的狂风暴雨，把虾塘打得七零八乱，致使虾发病，并有大量死亡。随后只好把剩下的虾卖走，价格比台风前更低，也严重减产，损失惨重。

这个台风给雷州市的许多虾农也带来巨大的经济损失。台风登陆时，正值大潮时刻，潮水很高，高大的海浪把大量海水打入虾塘，虾塘池水溢出，养殖的对虾随之逃逸，损失惨重，致使当年许多虾农欠下饲料厂的饲料款也不能还清。在这些虾农中，有许多虾农的虾已达上市规格。如果广大虾农懂得台风的基本知识和防患意识，能在台风到来之前，及时把虾卖走，完全可以避免上述损失。这是因为，在我国沿海地区，特别是华南地区，在每年的7—9月份是台风季节。台风的形成都有一个基本规律，从开始形成台风到生成台风，再到登陆，常有3~5天或更长的时间。掌握这个规律后，及时把已达上市规格的虾卖走，就能避免损失。

3. 学会最早发现虾病的方法，及时卖走病虾

及早发现病虾，对安排卖虾有重要意义。从饲料变化状况，最早发现虾病，及时把虾卖走，是对虾养殖技术高低的重要标志之一。

对虾发病总有基本特征和基本规律，就是由轻到重，由少到多。在天气正常的情况下，正常生长的对虾摄食量是相同的，即每天投下正确的饲料量都被对虾吃完，应每天增加饲料。这可以从饲料台内的饲料状况，最早发现虾是否有病。凡养殖对虾，不管虾塘大小，均应设两个以上饲料台，一个供管理人员或其他人员观察用，另一个专供养殖人员用，饲料的变化以后者为准。在每餐投完饲料后，必须在饲料台内放下当次总投饲料量的1%~2%。在每次投完饲料后1.5~2小时，定时观察饲料台内饲料状况。例如，今天6:00投完饲料，应在8:00左右定时观察饲料台。如果在这个时间内饲料台内饲料被虾吃光，表明虾生长正常，没有发病。相反，若饲料台内饲料有剩，

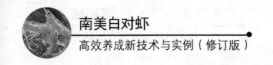

表明虾开始发病。如果这时的虾已达到上市规格，应果断决定，以最快速度把虾卖走，千万不要采取措施挽救，否则将带来严重后果。

2003年笔者在进行对虾养殖技术服务时，曾到过广东省珠海市斗门区白蕉镇一位虾农的虾塘。该虾农有一个10亩的南美白对虾池塘，每千克已达100尾。当时见到个别虾在游塘，并有个别虾停留在虾塘边，但还未见死虾。笔者凭多年的养殖对虾的经验和教训，知道虾已开始发病，建议该虾农立即干塘，立即卖虾，越快越好，否则会带来巨大经济损失。但该虾农认为，虾价较低，虾病也不严重，想救治好虾后，待虾价回升时再卖。便购回各种药物救治。但经过3天的治疗，虾病非但没有治好，反而越来越严重，并有大量虾死亡，这时才决定卖虾。但此时已造成无可挽回的经济损失：一是虾大量死亡，产量锐减；二是由于虾已发病，虾商见此情景降低虾价，损失约3万元。事后该虾农给笔者打电话，说当时没听笔者让卖虾一句话，损失3万元，非常后悔。

在这里还应值得一提的是，投饲料量是否准确，与及时发现虾是否发病有密切关系。即投饲料绝不能过量，但也不能欠料，欠料的结果也会对虾病产生错误判断，后果极其严重。

2003年6月，笔者在广州市番禺区一位养虾户的虾塘开展技术服务。发现该地区的一些虾农，在对虾正常生长季节，每隔10天才调整一次投饲料量，即在10天内每天投饲料量相同，这种投饲料方法不科学，会对虾病产生误判，带来严重后果。例如，该虾农有一个10亩的南美白对虾养殖池塘，每千克达120尾，达到上市规格。当时该虾农每天投3次饲料，每次20千克，全天共投60千克，10天内都按60千克/天投喂。这种投饲料方法，使饲料不足，欠料，产生两个不良后果：一是减产；二是误判。按上述投饲料方法，例如在6月1日是每天投60千克，若饲料系数是1，则在6月1日应增加60千克虾的体重。若按虾的摄食量与体重关系计算，每100千克体重每天摄食3

千克饲料（指人工配合饲料），该虾塘在 6 月 1 日应多投 1.8 千克饲料才够虾吃。由于少投 1.8 千克饲料，客观上就少 1.8 千克体重（以饲料系数为 1计）。如果每千克虾为 24 元计，则在 6 月 1 日一天内，就少收入 24 元×1.8＝43.2 元。而到 6 月 2 日的投饲料量应是 61.8 千克+61.8 千克×3%≈63.7 千克，以后的 8 天投饲料量如此类推，损失也不少。产生误判，后果更严重。例如，当时该虾农由于少投饲料，放在饲料台内的饲料仍被虾吃光，而吃光饲料的虾是健康的，还未发病。但刚发病的虾不摄食饲料。不摄食饲料的虾，不能从饲料台饲料变化作出准确判断，以为全池虾都正常。因为虾发病总是从少到多。再过几天，虾病越来越多，并出现游塘，甚至死虾，这时为时已晚，其后果如前所述。

4. 克服侥幸心理，及时卖虾

2002 年笔者到广东省中山市民众镇开展对虾饲料售后服务时，见到一位虾农用福寿螺肉喂虾时即指出，用福寿螺肉喂虾容易引起虾发病，也容易污染水质和底质，得不偿失，建议立即停止。但该虾农认为，虾已达到每千克100 尾，可以上市，若虾一旦发病，可以立刻卖虾。还说，福寿螺肉价钱低，能节约饲料成本等。结果 5 天后，笔者接到该虾农电话，说虾果然发病。由于该虾农缺乏最早发现虾病的基本知识，不能及时发现虾病，当看到虾浮头游塘、停留在虾塘边及死虾时才知道发病，决定卖虾，但这时已错过卖虾时间，后来尽管经过波折把虾卖走，但却损失几万元，在电话中还表示，后悔不听笔者的话，造成重大损失。

许多虾农在养虾时，存有侥幸心理，就是虾到上市规格时，总嫌价钱低，利润低，不愿及时卖虾，有赌博的心理，盼望虾价回升后再卖虾，这种心态也不可取。因为对虾养殖是风险极高的产业，随时都有出现恶劣天气、虾发病的可能性，这对于养殖面积达几百亩以上的大养殖户而言，危

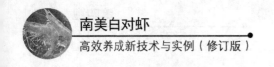

险性更大。这是因为，卖虾也有一个过程，不是几天就可以把虾卖完。因此，应把卖虾这项工作作为一个工程项目，认真对待，按市场规律，统筹安排卖虾，不要因小失大，不要因为价钱低而错失最佳卖虾时间。

5. 统筹安排养虾生产，适时卖虾

凡对虾养殖，均应根据本地气候情况，把养虾生产和卖虾统筹安排。以广东省珠江三角洲为例，根据南美白对虾的适温特点，应在每年10月底至11月上旬把室外养殖的南美白对虾卖完，否则有冻死的可能。为此，在安排养殖生产时，一般的精养虾塘（冬棚虾除外）应在8月上旬放完苗，经过80天左右的养殖，使虾养殖到10月底或11月上旬时达到上市规格卖虾。如果因特殊情况，不能在8月上旬放完苗，到8月中旬或稍迟一些放苗时，应少放苗，缩短养殖时间，也能使虾养殖到10月底前后上市。在这方面有过许多教训，有些虾农养殖的南美白对虾，由于生产时间安排不当，致使虾养殖到11月上旬甚至更迟仍不能卖虾，以致后来冷空气到来、持续降温而被冻死。

三、收虾方法

1. 放水收虾

放水收虾是沿海地区有潮水涨退，利用潮汐纳潮养虾的虾塘的收虾方法。这种方法又有以下两种收虾形式。

（1）用进水的锥形网收虾 在沿海地区有潮水涨退的虾塘，进、排水是利用潮汐差进水或排水。进水是用锥形网，长度一般为15米左右，这有利于滤水。收虾时，先把进水的锥形网装在进水闸门或排水闸门的最外一道槽，然后拉起控制水位的闸板，虾塘池水则排出虾塘外，虾也跟随水流装进网袋

尾。当收集到一定数量的虾时，即放闸板，再用虾笼装虾。随后用同样方法收第二次、第三次……直到收到要求的数量。这种方法要注意虾塘保持一定的深度，以保证留在虾塘的虾生长安全。

（2）方形网箱收虾　这种方法与第一种方法相似。所不同的是，在第一种方法的锥形网网尾，制一个方形网箱，虾直接随水充入网箱内。网箱旁放一条小船，边排水，边捞虾，连续进行，直到收到预定数量。这种方法比第一种方法好，既提高收虾速度，也提高收虾成活率。

2. 拉网捕虾

拉网捕虾是大多数没有潮汐进水虾塘最常用的捕虾法，这种虾塘池底要平坦、没有障碍物，面积在 10 亩左右。捕虾时，通常是每边袖网 2~4 人，从虾塘的一端拉到另一端。至于捕虾时在虾塘的什么位置下网、什么地方起网，由虾塘虾的存池量和所要捕虾的数量而定。

3. 电网捕虾

电网捕虾是利用脉冲电做成专用电虾网。利用脉冲电形成电场，在电场内，虾受到电的刺激后，跳离池底，跳入水中而被网捕获。

电虾网有两种形式：一种是较大型电虾网，在虾塘两端捕虾，即每端设一组人，用长绳来回拉动捕虾；另一种是小型电虾网，一个人操作，人背着蓄电池或放在小筏上，捕虾人拿着两支带电竹竿涉水前进，打开电源开关进行捕虾。电网捕虾在冬天虾潜伏池底时使用效果最好。

4. 装笼捕虾

装笼捕虾是一般精养虾塘和虾蟹混养虾塘常用的捕虾方法之一。这种方法最大的好处是操作方便，特别是少量捕虾时特别方便。

虾笼有现成产品，有铁圈，也有方形的。网目通常为 3.5~4.0 厘米。

装笼时，网口通常离堤边 3 米左右，网口对正堤岸，两个网袖张开，在网口中央设一道网片，网片与堤岸垂直。虾沿池边游泳时，碰上网片而转弯进入网内，虾笼特别制成虾只能进而不能出，从而使虾被捕。

装笼时间和数目由所需捕获产量而定。在装虾笼前应停止喂一餐饲料，使虾饥饿寻食而被捕。捕完虾后即投饲料。

第十九节　养殖日志

养殖日志的意义主要包括以下两点：

一、提高养殖水平

养殖日志是反映养殖对虾全过程的重要资料，它对总结对虾养殖经验教训、提高养殖水平有重要意义，是对虾养殖全过程的一项必不可少的工作。

笔者从事对虾养殖的生产和研究已有 20 余年的历史，曾在江苏、浙江、上海、广东、广西和海南等地长期进行对虾养殖技术培训和服务工作，发现大多数虾农不认真做或不做养殖日志工作，这是对虾养殖工作的缺陷，与不科学管理有关。广大虾农应转变观念，树立做养殖日志的意识，认真做好养殖日志。

二、市场的需要

为了适应国内和国际两个市场的需要，提高养殖对虾产品质量将成为对虾养殖的重点。认真抓好产品质量与标准体系建设，尽快建立一套既符合我国国情，又与国际接轨的水产养殖标准体系，积极推广以危害分析与关键控制点（HACCP）为核心的科学质量管理规范，逐步实施水产养殖全过程质量认证制度，切实抓好从"池塘到餐桌"的全过程质量管理等，将是今后养殖对虾的发展方向。在不久的将来，养虾凭资格证、持证才可以养虾是大势所趋。由此可见，做养殖日志，是形势的需要，也是养殖本身的需要。例如，出口的虾价高，希望自己养殖的对虾能出口，卖到好价钱。但出口的虾必须符合出口标准。有关部门要查阅相关资料，要跟踪养殖全过程所用药物及饲料等。如果做养殖日志，则可如实及时提供资料。如果养殖方法、养殖技术等均符合出口要求，则可以顺利出口。相反，若使用违禁药及违章养殖技术，则无法出口。随着国内市场经济的不断成熟，国内市场销售对虾，也将实行准入证制度，这是大势所趋。就是购买对虾的经销商也要了解养殖情况，也需要提供养殖资料。更有些养殖户在养殖全过程什么记录也没有，更不用说做养殖日志，连养殖对虾的成本，经济效益都算不出来，更是不可思议。

科学养虾是养虾成功的基本保证，养殖日志是科学养虾的重要资料，必须做好。

养殖日志可以用表格形式进行记录（表4-3）。

表 4-3　养殖日志记录表

塘号＿＿＿　面积＿＿＿亩　养殖品种＿＿＿　放苗数量＿＿＿万尾　每亩＿＿＿万尾　总产量＿＿＿千克　亩产＿＿＿千克　收虾＿＿＿千克

日期	投喂饲料（千克）						水深/厘米	水温/℃	盐度	透明度/厘米	水色	酸碱度	水质监测				增氧机			药物				气候		收虾		备注
	1	2	3	4	小计	累加							溶解氧/(毫克·升⁻¹)	氨氮/(毫克·升⁻¹)	亚硝酸/(毫克·升⁻¹)	硫化氢/(毫克·升⁻¹)	开机时间	关机时间	小时	名称	重量/千克	浓度/(毫克·升⁻¹)	效果	天气	气温/℃	日期	产量/千克	

第二十节　养虾失败原因和改进措施

对虾养殖是个系统工程，犹如一条铁链。只要有一个环节断，都可以导致对虾养殖失败，本节主要对土塘外塘对虾养殖失败原因进行分析，并提出改进措施。

一、清淤和晒塘等底质改良工作没有做好

只要养虾和鱼，鱼虾排泄物、残存饲料和生物尸体等就不可能避免的沉积塘底，这些物质造成池底老化，大量耗氧。随着养殖时间延长，以及水温的不断升高会产生亚硝酸盐、铵氮和硫化氢等有害物资，导致水质恶化，虾发病就不可避免，为此在每年冬天收虾后，采用拖土机、挖泥机、水枪等工具，清淤并晒塘，晒塘时应有充分时间安排，晒塘要使地底变白龟裂。这是养虾的基础建设工作要认真做好。

二、没有将堵漏洞工作做好

土塘养虾有一个很大缺点，就是常有漏洞，漏洞的水进入虾塘后，会带进野杂鱼虾和卵，鱼虾卵不断长大和繁殖，会吃虾苗和耗氧，导致成活率降低和发病。为此，应在晒糖同时把漏洞堵死，为避免鱼虾卵进入虾塘，在堵漏洞时，应铺一块鱼虾卵不能进入塘的80~100目以上的网纱。

三、净水网目太大和破网鱼虾卵进入虾塘

在珠三角地区有许多虾农养虾收不到虾，而罗非鱼、野杂鱼虾很多，有的一个10亩左右的虾塘，收1 000~2 000千克的罗非鱼和白虾，其原因是进水网用大于80目的网纱进水，有的纱网网目仅30目，另外有的虾农进水时，

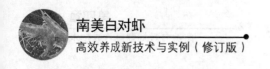

网破鱼虾或卵进入虾塘，为此，凡进水虾塘的网必须用 80 目以上网纱过滤。

四、毒塘工作没有做好

毒塘又称清塘，目的是用纯物杀死养殖地塘中存在的野炸鱼虾等敌害生物以及细菌病毒等，这个是在肥水前进行的工作。

毒塘没有做好的表现是所用药物浓度不够，没有把池塘中敌害生物等杀死，这些野杂鱼虾进入塘中大量繁殖吃食虾苗，浓度不够，也没有把池中细菌和病毒杀死，引起虾发病。

毒塘最有效的办法是用浓度为 30 克每立方茶籽饼（又称茶麸）和 2 克每立方的晶体敌百虫，水深约 20~30 厘米，以刚把滩面淹没最好，这样既可以把野杂鱼等杀死，又可以节省毒塘药物。

有的虾农为了使养殖池中的敌害生物杀死，用浸满池水的方法毒塘。这种方法有两个弊端：一是药用量太大增加成本，二是养殖水体的有益生物也被杀死，为后面的肥水工作带来极大困难。

五、肥水工作没有做好

肥水又称培养基础饲料生物肥水。

肥水工作没有做好，主要表现在两个方面：一是没有肥水就放虾苗，水清放虾苗。这种池塘由于没有肥水，透明度很人，有时候达 1 米以上可看到池底，表明池中浮游植物太少，含氧量极低，池塘缺氧，虾易发病；二是所用肥水物有错误，例如在珠三角地区，有的虾农用花生麸和米糠之类肥水，这些物质肥水效率差且浪费资金，同时由于其不能完全溶解于水，沉到池底污染底质。有些地方用鸡粪肥水弊大于利。肥水的物资，应以完全溶解于水为原则。当细胞藻类生长素和肥水快等肥水物效果很好。

六、放虾苗时浓度的调节工作没做好

虾苗场育虾苗是在高浓度的环境下进行，育出的虾苗，卖到不同地区养殖放虾苗时，必须把虾塘盐度告诉虾苗场进行淡化，但有些地区的虾农买虾苗时不懂这些基本知识，信任虾苗中介把虾苗运到虾塘交易，并立即放苗，这种虾苗没有经过试水阶段就放虾苗，结果放下的虾苗全死亡。

凡放虾苗必须亲自选择有信誉的虾苗厂进行交易，并且必须进行试水，试水结果有 80% 的成活率才能放虾苗。

七、购买劣质虾苗

目前市面上出售的虾苗，由于亲虾来源不同，育出来外卖的虾苗常称一代苗、二代苗货（或称杂交苗）和普通苗，它的价格也不尽相同，近年来价格也分为一代苗 250 元左右，二代苗 130 元左右，普通苗为 50 元左右，这是珠三角地区的价格。

有些虾农怕养殖的对虾易发病，也为了贪便宜，常常买普通苗，笔者曾对一代苗、二代苗和普通苗做过对比实验，普通苗在养到 60 天左右（每亩放 4 万左右）一个普通的 10 亩左右的虾塘每餐投 5 千克的虾料可以吃完，但长时间内加量都吃不完，虾也不会长大，甚至有的虾养 180 天后也达不到上市规格，这普通苗是国产亲虾，是近亲繁殖得到的严重结果。

八、过早放虾苗

南美白对虾最适者生长水温为 23～32℃，15℃停止摄食，8℃开始死亡。放苗的水温应稳定在 22℃最好，但有些虾农，特别是初次养虾的，总希望早放早上市，卖到好价钱，实践证明这是错误的，虾若不摄食就不会长大，早放苗，由于温度不适，会影响生长速度，体质更弱，而早放苗常处于气温变

化季节，遇到特殊天气会冻死虾苗，例如 2010 年 4 月 15 日，广州气温只有 10.7℃，这个温度会冻死虾苗。

九、买到发病虾苗

有些虾农不会辨别虾苗的好坏，加上虾苗场有不良作风，把带病的虾苗卖给虾农，这种虾苗放到虾塘会逐渐死亡。凡购买虾苗，应亲自到虾苗场观察虾苗健康状况，在虾苗场捞最底层的虾苗观看，若发现有不同颜色的虾苗，例如有白色、红色等情况出现，表示虾苗已发病，绝不能购买。

十、放苗密度过大

近年来虾病非常严重，防病是养虾的首要任务，防病的有效方法之一是在尽可能短的时间把养好的虾上市。虾苗密度直接影响生长速度，放苗密度过大，既延长养殖时间，又会污染水质，一般的土塘以水深为 1.5 米为例，每亩放 2 万~3 万苗更理想，当然具体情况，应与养殖条件、增氧技术等联合起来。

十一、过早开始投放饲料

在虾仍未吃人工投下的配合饲料叫过早开始投饲料。在我国，许多虾农都用传统的观念和方法投放饲料，主要表现在放下虾苗不久，例如从放苗次日开始投饲料，这是极其错误的，原因是凡是养虾都有一个极其重要的必不可少的环节，就是肥水，经过肥水的虾塘，在未放虾苗前，已存在大量的浮游动物，这些浮游动物具有不饱和脂肪酸，幼虾最喜欢吃这些浮游动物，若水深为 1.5 米，透明度 30~50 厘米左右的虾塘，每亩放 3 万尾左右下苗 20 天左右不投放饲料，虾苗已长到 5~7 厘米（全长），即使投下的饲料，幼虾也吃不到。

如何判别虾何时开始吃饲料？最有效的方法是在放完后的第二天，在饲料台内放虾 10 克左右的零号虾料，次日检查饲料台内饲料状况，若虾还没有把饲料吃完，把它倒去，但不要倒到塘里，用上述相同方法继续试验，直到虾把饲料台内饲料吃完为止，并立刻开始投放饲料，但早投饲料，最大的危害是污染底质和水质，其次是浪费资金。

十二、盲目投饲料

盲目投饲料是没有人知道虾是否开始吃料和不知道吃多少的投料方法，例如现在许多厂家出厂的饲料中，在饲料袋上标上，按不同体重不同比例的投饲料方法，这是极其错误的引导。首先虾苗放下塘后，不知成活率就很难算出体重，其次是即使计算出体重也没有办法知道虾是否开始吃料。

要克服盲目投料的最好方法是使用饲料台，在每次投完饲料后，在饲料台内放下当日当次总饲料的 3% 左右，过 1.5~2 小时观察饲料台饲料状况，如果吃完可以增加饲料，若吃不完应减料或停料，并检查下是否发病并及时处理。

十三、投劣质饲料

投劣质饲料主要表现在两个方面：一是加工的鱼或螺肉，这些物质带病毒细菌，容易使虾发病；二是自己加工饲料，饲料制造要经过严格的工艺程序，而自己制造加工的饲料，质量得不到保证，更容易污染底质和水质，饲料应该到正规而有信誉的饲料厂购买，应购优质名牌产品。

十四、投开口料

对虾开口饲料这个名称是近年出现的，在十几年前没有听到过这个名称，开口虾料都是粉状，投喂时用水溶解后泼喂，这种料虾是摄食不到的，只能

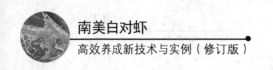

是自欺欺人，虾能摄食成型的颗粒状料。投开口料一是没有必要，因为虾塘肥水后，池塘中存在的浮游物是最好的饲料，投开口料由于虾没吃掉，只能污染水质，浪费资金。

十五、过量投料

过量投料主要表现在两个方面：一是在天气发生变化时，不及时调整饲料，结果投下的饲料虾吃不完，残留在池中，污染水质和底质；二是虾已发病没有及时发现，照常投饲料，虾不吃料，饲料又残留在虾塘中，准确地投饲料的方法是利用饲料台观察。

十六、没有监测水质状况，盲目养虾

我国目前虾病严重的重要原因之一是许多虾农从来没有测定水质状况，盲目养虾现象非常严重。由于没有监测水质状况，发生虾病也不知道什么原因，没有采取有效方法处理，导致虾病越来越严重导致养殖失败。监测水质可采用简易方法，例如购买亚硝酸盐、氨氮、硫化氢、酸碱度滴定液，方法很简单。

十七、选址错误，水源不好

有些虾农的虾塘处在水源污染非常严重的地方，在养殖之前水已污染，存在或严重存在亚硝酸盐和氨氮等有害物质。在这样的环境下是很难换水的，因此在养虾前做好选址工作，选择在没有污染的地方养虾。

十八、透明度过低水质变坏

水质很肥，透明度过低，容易出现蓝藻，水质变坏，是虾发病的重要原因之一，水质过肥，在天气不好，增氧机不及时开放，很容易缺氧，其重要表现是在连绵阴雨天，不及时开增氧机，晚上太迟开增氧机，早上又过早关

增氧机，都可以造成缺氧。这里要特别指出的是，过肥虾塘，早上在刚出太阳时就关增氧机，很容易缺氧，这与没有购买测氧仪盲目关机有关，笔者长期养虾，坚持长期使用测氧仪，效果很好，开关增氧机以池塘含氧量为每升5毫升为准，大于关机低于开机，一般的土塘即使有太阳，也应在早上8:00-9:00以后才关增氧机。

十九、透明度过大，容易缺氧

土塘养虾透明度达1米以上，甚至能看到池底时很容易缺氧，缺氧的结果是水质变坏。虾塘缺氧，底质物资会进行还原反应，有害物质产生，而且越来越多，同时透明度过大，常常会生长出叶轮黑藻，这种大型藻类生长非常快，人工是无法清除的，它可以很快充满全塘，导致水质缺氧，腐烂沉积池底，污染底质和水质，导致虾发病。

透明度过大，应做到及时发现，及时处理，用换水和及时施肥方法，把透明度降低，落于长出叶轮黑藻，随着透明的降低，叶轮黑藻也会死亡，水质逐渐转好。

二十、滥用药物

有许多虾农长期以来都有一个错误观点，就是认为防止虾病主要靠杀菌消毒，也有专家指出："药物防治手段仍是水产动物病害防治的一个重要措施。"这种观点是错误的，这是因为虾在健康状态下，在其内外环境中，存在一个相对稳定的微生物优势种群，组成正常的微生物群，促进有益菌的生长，抑制有害菌的增生，形成抵御致病菌的第一防护线，而使用各种消毒剂和抗生素类药物后，使水体、虾体表及体内有益微生物群破坏，降低或失去免疫力，病原体便突破首道防线，进入体内，导致发病。

生态养殖是养虾成功的根本出路，养虾全过程应采用生态养殖方法，使

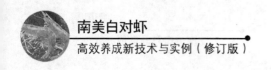
用微生物剂制剂和底质改良剂等方法，改良底质和水质，尽量不用或减少杀菌消毒药物。

二十一、鱼虾混养，投鱼料不足，鱼饥饿吃虾

鱼虾混养是防止虾病发生的有效措施。鱼虾混养，在广东许多地方都有采用，效果也很好，但鱼虾混养也必须做好鱼饲料的投喂，否则造成严重后果。例如，笔者就遇到这样一个例子，一个 10 亩土塘，每亩放皖鱼 100 尾，大头 30 尾，鲮鱼 300 尾，虾苗 3 万尾，养殖到 50 余天时都很正常，一天投下 50 千克虾料，每天投下 25 千克皖鱼料，由于皖鱼不断增长，鱼料严重不足，皖鱼饥饿抢食虾，虾在成长过程中有几天换一次壳，虾体质弱，皖鱼便在很短的十几天内把虾吃光，虾由每天吃 25 千克虾料逐渐降低，到基本不吃虾料，而这个过程没有发现死虾个体表明是皖鱼把虾吃光，这个时候皖鱼体重达 3.5 千克以上，为此凡鱼虾混养，一定做好鱼虾混养过程中鱼料的投喂工作，让鱼吃饱最好的方法是在每次投完鱼料后，在饲料台放下 0.5 千克左右鱼料，隔半小时左右检查，若吃光应加鱼料，避免鱼饥饿而吃虾。

二十二、中间毒塘方法错误

中间毒塘指精养虾塘（不养殖鱼类），用药物杀死池中鱼类，而对养殖的对虾没有影响生长的生殖方法，安全浓度在 5 克/米³，笔者曾听到，由于误导，用 15 克/米³ 茶籽饼中间毒塘导致虾死亡，为此作为虾农一定要学习养虾方法，不要受误导影响。

二十三、缺氧

虾塘缺氧是虾发病和失败中最重要原因之一，缺氧可以使虾立即浮头，浮头的虾损失很严重，若不及时增氧就会立即死亡，缺氧还会使池塘底质的

有机物分解为有害的物质，导致水质恶化。

防止虾塘缺氧的最好方法是购买测氧仪，测氧仪使用方法简单，容易操作，效果也好，有了测氧仪后可逐渐掌握开关增氧机的规律，既可以防死缺氧，又可以节省用电。

防止停电缺氧，应备用粒粒氧，它可以在短时间内补充氧气，另外应备用发电设备。

二十四、没有做好对不良和恶劣环境天气的预防工作

不良天气和恶劣天气是造成对虾养殖失败的最主要原因之一，因为这样的天气造成气压、气温、水深、水质和溶解氧等因素发生突变，从而引起水质变化，为此在这些天气到来之前、期间和过后，应及时做好预防工作。预防工作，从硬件方面讲做好堤坝安全等工作，并做好防应激反应，例如泼维生素 C、维生素 E 和葡萄糖等，另外应开足增氧机，保证有充足的溶解氧。

二十五、没有做好防病工作

防止虾病的发生，是养殖全过程中的中心工作，每个养殖环节都做好了，虾病就不容易发生。以改良底质为利，许多虾农都存在饶幸心理，没有把清淤、晒塘等工作做好，水质好坏直接关系到养虾成功，这个工作许多虾农也没有做好，购买虾苗和投饲料的工作也是防病重要措施，例如，在平时投饲料过程中定期拌维生素 C 等营养物和乳酸菌等微生物制剂，都是防治病虾发生的重要措施。

二十六、不及时卖虾

不及时卖虾主要是指虾已到达上市规格，由于种种原因，没有或推迟卖虾造成损失，其表现为：①虾价格低；②已发病；③恶劣天气到来之前。

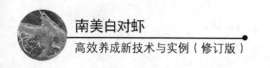

虾价是由市场决定，不以人们意志为转移，若因为价格低，不及时卖，到发病时想卖已来不及。

已发病的虾，若到上市规格，千万别抢救，否则损失惨重，在这方面有许多例子。虾发病首先表现在吃料减少，若出现这种情况，应以最快速度卖虾。恶劣天气，例如台风或冷空气和暴雨季节，虾只要达到上市规格，都应及时出售。

二十七、管理不善

曾经有位虾农养殖的对虾已经达到上市规格，产值达 100 万以上，但夜里突然停电，没有及时发电，天亮时已发现虾大量死亡，损失惨重。有些虾农在养虾时，麻痹大意，没有备粒粒氧增氧剂，或没有配备发电机，当电网停电时，触手无策。

二十八、没有做好或没有做养殖日志工作

养殖日志工作与虾病是否发病没有直接关系，但对虾养殖成功，对发展对虾养殖业有重要意义。

对虾养殖是个产业，要发展，必须有科学技术指引，而积累养虾经验与教训是提高养殖技术水平有直接关系。例如现在许多虾农养虾都没有记录，这是错误的，用脑记忆的能力是有限的，也容易忘记，而做好养殖日记，可以把以往的成功经验进行继续，可避免重犯失败的教训。

二十九、错误引导

在我国目前出版的书刊中，存在一些错误观点和方法，这与文章作者知识水平有关，作为文章的作者，应树立对读者负责任的思想，写出文章，使他们学到新知识。笔者已有 30 余年从事对虾养殖与与研究，看到大量文章，

发现有些书刊作者写的文章存在伪劣现象，有些作者根本就是没有养过虾就写文章，有些是抄袭来的，这样会害死虾农的。

在这里举一个例子，笔者曾到广东某地讲授对虾养殖课，有位虾农问，中间毒塘时将虾毒死了，我问他用哪些物质及其浓度，他说用 15 克/米³ 茶籽饼，我反问他为什么用这么大的浓度（正确的是 5 克/米³），他说是在某本书中看到的。可见，写文章的作者对虾农多么重要，这是作者不懂业务，或许是抄袭的结果。对作为对虾养殖工作者，应树立正确的学风。

三十、许多虾农不努力学习养虾技术

知识主要从两方面获得：一是实践；二是学习书本知识，现在是信息社会的时代，要使养虾获得成功，除了经验，必须学习新知识，笔者从事对虾养殖以来，都不间断的订阅有关杂志，例如科学养鱼、水产前沿、中国水产，搜集了 40 余本资料。我应海洋出版社邀请写的两本有关养虾书籍，正是长期学习各种书籍和实践养虾的知识总结，建议有志从事对虾养殖的虾农和有关人员，订阅上述有关资料和杂志，"书中自有黄金屋"，只要努力学习，养虾知识不断提高养虾水平，养虾失败是暂时的，养虾成功是必然的。

第二十一节　总结

一、任务

南美白对虾养殖有两大任务：一是使对虾养殖获得成功；二是提高经济效益。

二、走低风险、少投入、高效益的可持续发展道路

对虾养殖是自然条件最好、最易开发、技术条件最成熟和经济效益最好

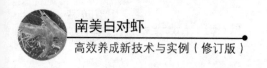

的产业之一，但又是高风险产业，其最大风险是养殖的对虾容易发病，而一旦发病又不容易治好。这个产业可以在短时间内致富，也可以在短时间内破产，其关键是养殖技术的高低，为此，在养殖全过程，务必抓好如下关键技术。

1. 改良底质

改良底质在对虾养殖中的重要性，犹如建设一座大厦的基础工作。一座大厦的基础工作若没有做好，最好的上层建筑也会倒塌。同样道理，如果对虾养殖的其他工作都做好，但底质改良工作没有做好，对虾养殖同样失败。清淤不彻底，底质改良工作没做好，是对虾发病的主要原因。以改良底质为中心的水质管理，是当今养虾成功的最关键技术之一。虾池水质的变化，通常由底质变化引起。水质变坏，首先表现在池水有毒物增加，pH 值和生物耗氧量超出正常范围，溶氧量下降，饵料生物减少，有害物质增加。产生以上现象的根源是池底有机物沉积过多，并得不到充分氧化而产生有害物质。换水只能改善池水，但不能改善底质和消除产生有害物质的根源。改善水质首先要减少有机物的沉积，增加氧气，逐步消除沉积物。

改良底质要从两个方面进行：一是在未放虾苗前，彻底清除池底淤泥；二是在放虾苗后，培养好水色和透明度，施微生物制剂、沸石粉、增氧剂，开增氧机等。

2. 肥水和培水

肥水是指未放虾苗前，通过施肥，培养基础饵料生物，为放虾苗和养殖全过程提供良好生态环境。培养水体良好水色和透明度是养虾成功的根本保证。

大量事实表明，低透明度（简称肥水）对高透明度（瘦水）而言，是养虾成功的经验总结。在水色良好的前提下，低透明度（5~10厘米）时溶氧量高。因为池中的溶解氧来源主要是池中浮游植物的光合作用。即池中浮游植物越多，产生的氧气就越多。而低透明度含有的浮游植物比高透明度多，因此产生的氧气也越多。而池塘溶解氧是决定池水好坏的最重要因子，因为池中各种要素都直接或间接与溶氧量发生关系。特别是底质的变化与溶氧量关系更大。例如，当池中溶氧量高时，产生氧化反应，有益生物越来越多，水质就越优良；当池中溶氧量低时，产生还原反应，有害物质就越来越多，水质容易恶化，虾便发生疾病。

3. 投放优质虾苗和放疏苗

虾苗是对虾养殖的基础，没有保质保量的虾苗是不可能取得成功和高效益的。

优质虾苗体质健壮、体表干净、活力强、虾苗肌肉饱满、肉眼可看见腹部肌肉和整个肠道，游泳活泼，个体整齐，对外界刺激反应灵敏。不健康虾体色异常，有黄色、浅黄色和红色出现，严重者有畸形或死虾出现。

要购买到优质虾苗，尽可能就近向那些信誉高的虾苗场购买。购买时应亲自到虾苗场，捞池中最底层虾苗观看，不要购买互不相识、送到虾塘边的虾苗。

近年出现一代苗、二代苗和普通苗，其价格相差很远，许多购买高昂的一代、二代苗的虾农反映，效果并不好。对此，作为虾农，应用科学方法分析，并通过养殖试验选择购买，以免上当受骗。

放疏苗是养虾成功的重要经验之一，这可以降低风险，提高经济效益。

4. 准确投饲料

在保证饲料质量的前提下，准确投喂饲料是养虾成功的重要保证。

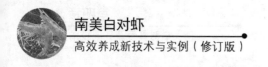

准确投饲料要做好如下两件工作：

（1）准确掌握放虾苗后开始投饲料的时间 许多虾农在养殖池塘直接放虾苗的虾塘，今天放虾苗，第二天就开始投饲料，甚至连部分书刊也介绍今天放虾苗，明天就按每万尾投 0.05~0.06 千克饲料的比例投饲料，这是极端错误的。这是因为，肥水（培养基础饵料生物）是放虾苗前必不可少的养殖措施。经过肥水的虾塘，改变了水色和透明度，虾塘存在大量的浮游动物。如果用一个透明玻璃水杯，盛上池水，就可以看见几只至十余只浮游动物在游动。如果用一个 30 目以上小捞箕在池边轻轻一捞，再倒到透明的烧杯或玻璃杯内，加水稀释，就可以看见密密麻麻的浮游动物在游动。这些浮游动物具有不饱和脂肪酸，是幼虾最优质的饲料，即使在放苗初期，投下的饲料都不吃，而吃这些浮游动物。

放虾苗后，何时开始投饲料最适合呢？这由幼虾开始摄食人工投下的饲料来决定。在一般的精养虾塘，每亩放苗 5 万~8 万尾，水深为 1.5 米左右，放虾苗后幼虾在 25 天左右才开始摄食人工配合饲料，具体的操作方法这样进行：从放虾苗后的第二天开始，在饲料台内放 1 小汤匙左右量的零号饲料，24 小时后检查摄食情况。如果未吃完，次日用同样的方法继续试验（前一天投下的饲料倒掉，但不要倒在塘内），直至试验到幼虾把饲料台内饲料均被吃光才停止试验。有了这次试验的经验后，以后每个塘或每年，没有必要从放苗后开始试验，应从开始投饲料前 5 天左右开始试验，以免浪费人力物力。例如，如果首次试验是在放虾苗后 25 天开始摄食饲料，应从放苗后 20 天左右开始试验。

如果由于毒塘（清塘）工作没有做好，虾塘中存在野杂鱼虾等敌害生物，开始投饲料时间可能提前。遇到这种情况，就应及时投饲料，并采取中间毒塘技术，把野杂鱼毒死。

（2）掌握好增减饲料方法

①增加饲料方法。对虾养殖到每天正常投饲料后，在天气正常的情况下，每天均应增加饲料。增加值可以按前一天的总投饲料量的3%增加。例如，今天投下100千克饲料（指人工配合饲料），明天应增加3千克左右，即投喂103千克，以后每天均按这个比例增加。但这只是个大概的参考值，具体增加多少，以饲料台饲料状况为准。即对虾养殖的虾塘，不管虾塘大小，均应设两个以上饲料台，一个放在人行通道上，供管理人员或其他人员使用，另一个设在对面，这个饲料台专供养殖人员使用，增减饲料以这个饲料台内饲料状况决定。即每次投完饲料后，在每个饲料台放下当次总投饲料量的1%～2%。放完饲料后1.5～2.0小时定时观察饲料台内饲料状况。如果吃完在次日应增加饲料。如果增加饲料后仍被虾吃完，增加数量应多些。经过多次观测，以确定最准确饲料量。

②减少饲料方法。在上述观察饲料台饲料状况的过程中，如果饲料未被吃完，应减少饲料。减少数量为总投饲料量的一半左右，并检查虾的健康状况。如果天气正常，特别是气温正常，而胃不饱满或空胃，表明虾有病。如果虾达到上市规格，应以最快速度把虾卖走，千万别采取措施抢救。如果虾还小，达不到上市规格，除检查饲料状况外，还应测定水质状况，以便为改善水质提供科学依据。

5. 水质监测与调节

水质监测与调节是对虾养殖全过程最重要环节之一。通过水质监测，可以随时了解水体理化和生物因子，为水质调节提供科学资料，以便更好地做好水质调节。科学养虾，很重要的一项工作就是掌握好水质各要素的变化。

水质监测与调节主要内容有：水深、水温、盐度、水色、透明度、酸碱度、溶解氧、氨氮、亚硝酸盐和硫化氢等。

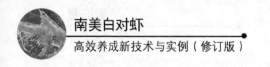

水质监测与调节的核心工作，是提高池塘溶解氧的含量。从放苗到收虾的养殖全过程，任何时候，池塘底层溶氧量应在 4 毫克/升以上，最好是 5 毫克/升。要使虾池有高的溶氧量，一是做好底质改良工作，因为池塘的氧气有 50%～70%被池底污物消耗；二是做好肥水和换水工作。因为池塘溶氧量的 91.3%以上由池中浮游植物的光合作用提供。而经常使用微生物制剂、开增氧机、投沸石粉和增氧剂等也是增氧的重要措施。

6. 中间毒塘

中间毒塘是纯养殖对虾的虾塘，由于种种原因存在鱼类时，使用药物把鱼毒死而对虾的正常生长没有影响，叫中间毒塘。

中间毒塘的药物是茶籽饼，又叫茶麸。使用浓度是 4～5 毫克/升。有些书刊介绍用 15 毫克/升或以上茶籽饼中间毒塘是极端错误的。这个浓度会把虾毒死，已有许多这方面的教训，广大虾农千万注意。

7. 地膜养虾

地膜养虾也是对虾养殖的新技术。这个技术主要应用在高位池和底质污染严重而又无法清淤的虾塘。

8. 冬棚养虾

冬棚养殖南美白对虾是养殖技术的创新，它具有经济效益高、充分利用虾塘资源、持续发展等优点。

冬棚养殖南美白对虾在华南地区养殖条件最好。它可以利用华南天气特点，在冬天利用冬棚，不用加热，使虾可以安全过冬。而每年冬天正是虾价最高季节。许多有经验的虾农都优先安排冬棚虾养殖。

冬棚虾养殖技术与常规养殖相同，但技术难度更大。其中重点是抓好放苗时间、放苗密度、水色培养，控制好透明度、准确投喂饲料、保证有充足的溶解氧等。

9. 混养轮养

混养轮养是预防虾病发生的养殖方法之一。这种养殖模式虽然经济效益比不上养殖成功的精养虾塘，但其养虾成功率大于精养虾塘，特别是精养虾塘的虾发病时，放入混养鱼类，往往能抑制虾病或治好虾病，这对于养殖对虾经常发病的虾农有借鉴作用。

混养的最大好处是改变虾塘生态环境，起改良底质和水质、稳定水体的作用。

混养模式有鱼虾混养、虾虾混养和虾蟹混养。

轮养是在一个池塘，在不同年份进行鱼、虾及其他品种轮流养殖。

10. 慎用杀菌、消毒类药物预防虾病

用杀菌、消毒药物预防虾病还是取用生态养殖方法养虾，是长期以来两种不同方法争论的焦点，这两种观点至今还存在。当然更有专家提出，药物防治手段仍是当前水产动物病害防治的一个重要措施。对此，笔者持反对态度。这是因为，药物防治虾病，不仅把池中有害的病菌、病毒杀死，也把有益微生物杀死。而池中有益微生物，占池中生物的90%以上。它是预防虾病的第一道防线。如果这道防线遭破坏，病毒和病菌就容易进入体内，导致养殖生物发病。从大量的养殖实践中也证明，用药物防病是错误的，当然在虾发病后，使用药物是必要的。

11. 喂药饵

喂药饵是预防对虾发病的重要措施之一。微生物制剂是目前最重要、最

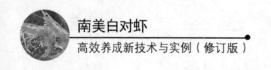

常用的药饵之一。微生物制剂具有维持生物体内正常菌系的微生态平衡、抑制病原体增殖、增强机体免疫力和净化养殖水体等功能。

12. 抵抗自然灾害

台风、暴雨和强冷空气等都是灾害性天气。这种天气的到来，也是虾病频繁发生的时间。但在相同的灾害面前，有的虾农养殖的对虾连年成功，而有的虾农则经常失败，这表明，养虾成功与否，与自然条件有关，但其关键还是养殖水平的高低，关键在于养殖技术。

抵抗自然灾害应把底质改良、水质调节、饲料投喂和收听天气预报等工作做好。应多开增氧机、施增氧剂和沸石粉等。若在台风季节，虾已达上市规格，而台风又有可能在本地区登陆，应及早把虾卖走。

13. 认真做好养殖日志记录工作

认真做好养殖日志对总结对虾养殖经验和教训、提高养殖水平和卖虾都有重要意义，它是科学养虾的不可缺少的重要环节。在这方面许多虾农没有认识到这项工作的重要性和意义，应认真改正，做好这项工作。

14. 科学卖虾

科学卖虾是对虾养殖的最后一个环节，这个环节的工作没有做好，即使养殖成功，没有发病，也不能算最后成功。凡是养殖对虾，赚得的钱没有放进口袋，还不算成功，这充分说明对虾养殖是高风险产业这个道理。

科学卖虾要克服侥幸心理，及时卖虾。遇到台风时，在台风有可能在本地区登陆的情况下，应及时卖虾。当虾养殖到上市规格时，一旦发现虾有发病征兆，应立即卖，不要用药抢救，以便错过卖虾时机，造成损失。

总之，对虾养殖是最具自然条件、最易开发、技术条件最成熟和效益最好的产业之一。对虾养殖是大有作为的，它对调整农业产业结构、提高农民收入、出口创汇等都有重要意义。但对虾养殖又是高风险产业，其最大风险是养殖全过程容易发病，而一旦发病又不容易治好，因此，在相同的自然条件下，有的虾农养殖年年成功，迅速致富，而有的虾农却累遭失败，这正是对虾养殖持续发展的重要原因之一。在这里，关键是养殖技术，因此，凡养殖对虾的虾农，应学习实践科学发展观，不靠天气，不靠运气，树立以科学精神、科学方法、科学技术取胜的思想，扎扎实实地做好对虾养殖全过程中的每个环节，这样才能夺取对虾养殖的新胜利。

附　录

一、禁用渔药

药物名称	化学名称（组成）	别　名
地虫硫磷 Fonofos	O-乙基-S苯基二硫代磷酸乙酯	大风雷
六六六 BHC（HCH） benzem, bexachloridge	1，2，3，4，5，6-六氯环己烷	
林丹 lindanle, gammaxare, gamma-BHC, gamma-HCH	γ-1，2，3，4，5，6-六氯环己烷	丙体六六六
毒杀芬 camp hechlor（ISO）	八氯莰烯	氯化莰烯
滴滴涕 DDT	2，2-双（对氯苯基）-1，1，1-三氯乙烷	
甘汞 calomel	二氯化汞	
硝酸亚汞 mercurous nitrate	硝酸亚汞	
醋酸汞 mercuric acetate	醋酸汞	

续表

药物名称	化学名称（组成）	别 名
呋喃丹 carbofuran	2，3-二氢-2，2-二甲基-7-苯并呋喃基-甲基氨基甲酸脂	克百威、 大扶农
杀虫脒 chlordimeform	N-（2-甲基-4-氯苯基）N′，N′-二甲基甲脒盐酸盐	克死螨
双甲脒 anitraz	1，5-双-（2，4-二甲基苯基）-3-甲基1，3，5-三氮戊二烯-1，4	二甲苯 胺脒
氟氯氰菊酯 cyfluthrin	α-氰基-3-苯氧基-4-氟苄基（1R，3R）-3-（2，2-二氯乙烯基）-2，2-二甲基环丙烷羧酸酯	百树菊酯、百树得
五氯酚钠 PCP-Na	五氯酚钠	
氟氰戊菊酯 flucythrinate	（R，S）-α 氰基-3-苯氧苄基-（R，S）-2-（4-二氯甲氧基）-3-甲基丁酸酯	保好江乌、 氟氰菊酯
孔雀石绿 malachite green	$C_{23}H_{25}ClN_2$	碱性绿、盐基块绿、孔雀绿
酒石酸锑钾 antimony1 potassium tartrate	酒石酸锑钾	
锥虫胂胺 tnyparsamide		

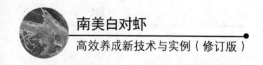
续表

药物名称	化学名称（组成）	别　名
磺胺噻唑 sulfathiazolum ST, norsultazo	2-（对氨基苯磺酰胺）-噻唑	消治龙
磺胺脒 sulfaguanidine	N_1-脒基磺胺	磺胺胍
呋喃西林 furacillinum, nitrofurazone	5-硝基呋喃醛缩氨基脲	呋喃新
呋喃那斯 furanace, nifurpirinol	6-羟甲基-2-［-（5-硝基-2-呋喃基乙烯基）］吡啶	p-7138 （实验名）
氯霉素（包括其盐、酯及制剂） chloramp hennicol	由委内瑞拉链霉素生产或合成法制成	
红霉素 erythromycin	属微生物合成，是红霉素链球菌 *Streptomyces erythreus* 产生的抗生素	
杆菌肽锌 zinc bacitracin premin	由枯草杆菌 *Bacillus subtilis* 或 *B. leicheniformis* 所产生的抗生素，为一含有噻唑环的多肽化合物	枯草菌肽
泰乐菌素 tylosin	*S. fradiae* 所生产的抗生素	
环丙沙星 ciprofloxacin（CIPRO）	为合成的第三代喹诺酮类抗菌药，常用盐酸盐水合物	环丙氟哌酸
阿伏帕星 avoparcin		阿伏霉素

药物名称	化学名称（组成）	别 名
喹乙醇 olaquindox	喹乙醇	喹酰胺醇、 羟乙喹氧
速达肥 fenbendazole	5-苯硫基-2-苯并咪唑	苯硫哒唑氨甲基酯
呋喃唑酮 furazolidonum, nifulidone	3-（5-硝基糠叉胺基）-2-噁唑烷酮	痢特灵
己烯雌酚（包括雌二醇等其他类似合成等雌性激素） diethylstilbestrol, stilbestrol	人工合成的非甾体雌激素	乙烯雌酚、人造求偶素
甲基睾丸酮（包括丙酸睾丸酮、去氢甲睾酮，以及同化物等雄性激素） methyltestosterone, metandren	睾丸素 C_{17} 的甲基衍生物	甲睾酮、甲基睾酮

资料来源：中华人民共和国农业行业标准 NY 5071—2002。

二、渔业水质标准

序号	项目	标准值
1	色、臭、味	不得使鱼、虾、贝、藻类带有异色、异臭、异味

续表

序号	项目	标准值
2	悬浮物质	人为增加的量不得超过 10 毫克/升，而且悬浮物质沉积于底部后不得对鱼、虾、贝类产生有害的影响
3	漂浮物质	水面不得出现明显油膜或浮沫
4	pH 值	淡水 6.5~8.5，海水 7.0~8.5
5	溶解氧	连续 24 小时中，16 小时以上必须大于 5 毫克/升，其余任何时候不得低于 3 毫克/升；对于鲑科鱼类栖息水域冰封期，其余任何时候不得低于 4 毫克/升
6	生化需氧量（5 天、20℃）	不超过 5 毫克/升，冰封期不超过 3 毫克/升
7	总大肠菌群	不超过 5 000 个/升（贝类养殖水质不超过 500 个/升）
8	汞	≤0.000 5 毫克/升
9	镉	≤0.005 毫克/升
10	铅	≤0.05 毫克/升
11	铬	≤0.1 毫克/升
12	铜	≤0.01 毫克/升
13	锌	≤0.1 毫克/升
14	镍	≤0.05 毫克/升
15	砷	≤0.05 毫克/升
16	氰化物	≤0.005 毫克/升

续表

序号	项目	标准值
17	硫化物	≤0.2 毫克/升
18	氟化物（以 F⁻计）	≤1 毫克/升
19	非离子氨	≤0.02 毫克/升
20	凯氏氮	≤0.05 毫克/升
21	挥发性酚	≤0.005 毫克/升
22	黄磷	≤0.001 毫克/升
23	石油类	≤0.05 毫克/升
24	丙烯腈	≤0.5 毫克/升
25	六六六（丙体）	≤0.002 毫克/升
26	丙烯醛	≤0.02 毫克/升
27	滴滴涕	≤0.001 毫克/升
28	马拉硫磷	≤0.005 毫克/升
29	五氯酚钠	≤0.01 毫克/升
30	乐果	≤0.1 毫克/升
31	甲胺磷	≤0.1 毫克/升
32	甲基对硫磷	≤0.000 5 毫克/升
33	呋喃丹	≤0.01 毫克/升

资料来源：中华人民共和国国家标准 GB 11607—1989。

三、不同温度时海水相对密度和盐度查对表（S）

温度/℃	相对密度															
	1.000	1.001	1.002	1.003	1.004	1.005	1.006	1.007	1.008	1.009	1.010	1.011	1.012	1.013	1.014	1.015
0				2.7	4.0	5.2	6.4	7.7	8.8	10.2	11.3	12.	13.8	15.0	16.3	17.5
1				2.6	3.9	5.1	6.3	7.6	8.8	10.1	11.3	12.6	13.8	15.0	16.3	17.5
2				2.4	3.7	5.1	6.2	7.5	8.8	10.0	11.3	12.5	13.8	15.0	16.3	17.5
3				2.4	3.7	5.1	6.2	7.5	8.8	10.0	11.2	12.5	13.8	15.0	16.3	17.5
4				2.4	3.7	5.1	6.2	7.5	8.8	10.0	11.2	12.5	13.8	15.0	16.3	17.6
5				2.4	3.7	5.1	6.2	7.5	8.8	10.0	11.2	12.6	13.8	15.0	16.4	17.6
6				2.4	3.7	5.1	6.2	7.5	8.8	10.0	11.3	12.7	13.8	15.0	16.5	17.7
7				2.5	3.8	5.1	6.3	7.6	8.9	10.1	11.4	12.7	13.9	15.2	16.5	17.8
8				2.6	3.9	5.1	6.4	7.7	9.0	10.2	11.5	12.8	14.0	15.3	16.6	17.9
9				2.6	3.9	5.2	6.5	7.7	9.0	10.3	11.6	12.8	14.1	15.4	16.8	18.1
10				2.7	4.0	5.3	6.6	7.8	9.1	10.4	11.7	12.9	14.2	15.5	16.9	18.2
11				2.9	4.2	5.4	6.7	8.0	9.3	10.6	11.9	13.1	14.4	15.7	17.0	18.3
12				3.0	4.3	5.5	6.8	8.1	9.4	10.7	12.0	13.2	14.5	15.8	17.1	18.4
13				3.1	4.4	5.7	7.0	8.3	9.6	10.9	12.2	13.4	14.7	16.0	17.9	18.6
14				3.1	4.6	5.9	7.2	8.5	9.8	11.1	12.4	13.6	14.9	16.2	17.5	18.8

续表

相对密度

温度/℃	1.000	1.001	1.002	1.003	1.004	1.005	1.006	1.007	1.008	1.009	1.010	1.011	1.012	1.013	1.014	1.015
15			2.0	3.4	4.7	6.0	7.3	8.6	9.9	11.2	12.5	13.8	15.1	16.4	17.7	19.0
16			2.3	3.6	4.9	6.2	7.5	8.8	10.1	11.4	12.7	14.0	15.3	16.6	17.9	19.2
17			2.5	3.7	5.1	6.4	7.7	9.0	10.3	11.6	12.9	14.2	15.5	16.9	18.2	19.5
18			2.8	4.0	5.4	6.7	8.0	9.3	10.6	11.9	13.2	14.4	15.	17.1	18.4	19.7
19			3.0	4.3	5.6	6.9	8.2	9.5	10.8	12.1	13.4	14.7	16.0	17.3	18.6	19.9
20		1.8	3.2	4.5	5.9	7.2	8.5	9.8	11.1	12.4	13.7	15.0	16.3	17.6	18.9	20.2
21		2.1	3.4	4.7	6.1	7.4	8.7	10.0	11.3	12.7	14.0	15.3	16.6	17.9	19.2	20.5
22		2.4	3.7	5.0	6.4	7.7	9.0	10.3	11.6	13.0	14.3	15.6	17.0	18.3	19.6	20.9
23		2.7	4.0	5.3	6.4	7.9	9.2	10.6	11.9	13.3	14.6	15.9	17.3	18.6	19.9	21.2
24		2.9	4.3	5.6	7.0	8.3	9.6	10.9	12.2	13.6	15.0	16.3	17.6	18.9	20.0	21.6
25	1.9	3.2	4.5	5.8	7.3	8.6	9.9	11.2	12.5	13.8	15.3	16.6	17.9	19.2	20.5	21.9
26	2.3	3.6	4.9	6.2	7.6	8.9	10.3	11.6	12.9	14.2	15.6	17.0	18.3	19.6	20.9	22.3
27	2.6	3.9	5.2	6.6	7.9	9.2	10.6	11.9	13.3	14.6	15.9	17.3	18.6	20.0	21.3	22.6
28	2.9	4.3	5.6	7.0	8.3	9.6	11.0	12.3	13.7	15.0	16.3	17.7	19.0	20.4	21.7	23.0
29	3.2	4.77	6.0	7.3	8.6	10.0	11.3	12.7	14.0	15.4	16.7	18.0	19.4	20.7	22.1	23.4

续表

相对密度

温度/℃	1.016	1.017	1.018	1.019	1.020	1.021	1.022	1.023	1.024	1.025	1.026	1.027	1.028	1.029	1.030
0	18.8	20.0	21.3	22.5	23.8	25.0	26.3	27.5	28.8	30.0	31.3	32.5	33.8	35.0	36.1
1	18.8	20.1	21.3	22.5	23.8	25.0	26.3	27.5	28.8	30.0	31.3	32.6	33.8	35.1	36.2
2	18.8	20.1	21.3	22.5	23.8	25.0	26.3	27.5	28.8	30.1	31.3	32.6	33.8	35.1	36.3
3	18.8	20.1	21.3	22.6	24.0	25.1	26.4	27.6	28.9	30.2	31.4	32.7	33.9	35.2	36.4
4	18.8	20.1	21.3	22.6	24.0	25.1	26.5	27.6	28.9	30.3	31.4	32.7	34.0	35.2	36.5
5	18.9	20.2	21.4	22.7	24.1	25.2	26.5	27.8	29.0	30.3	31.6	32.9	34.1	35.4	36.7
6	19.0	20.3	21.5	22.8	24.1	25.3	26.6	27.9	29.1	30.4	31.7	33.0	34.2	35.5	36.8
7	19.0	20.3	21.6	22.9	24.1	25.4	26.7	28.1	29.2	30.5	31.8	33.2	34.3	35.6	36.9
8	19.1	20.4	21.7	23.0	24.2	25.5	26.8	28.2	29.3	30.6	31.9	33.3	34.4	35.7	37.0
9	19.3	20.6	21.9	23.2	24.4	25.7	27.0	28.3	29.5	30.8	32.1	33.4	34.6	35.9	37.2
10	19.4	20.7	22.0	23.3	24.6	25.8	27.1	28.4	29.7	31.0	32.3	33.6	34.8	36.1	37.4
11	19.6	20.9	22.2	23.5	24.8	26.0	27.3	28.6	29.9	31.2	32.5	33.8	35.0	36.3	37.6
12	19.7	21.1	22.4	23.7	24.9	26.2	27.5	28.8	30.1	31.4	32.7	34.0	35.2	36.5	37.8
13	19.9	21.3	22.6	23.9	25.1	26.4	27.7	29.0	30.3	31.6	32.9	34.2	35.5	36.6	38.1
14	20.1	21.5	22.8	24.1	25.3	26.4	27.9	29.2	30.5	31.8	33.1	34.4	35.7	37.0	38.4

续表

温度/℃	相对密度														
	1.016	1.017	1.018	1.019	1.020	1.021	1.022	1.023	1.024	1.025	1.026	1.027	1.028	1.029	1.030
15	20.3	21.7	23.0	24.3	25.5	26.8	28.1	29.4	30.7	32.0	33.4	34.7	36.0	37.3	38.7
16	20.5	21.9	23.2	24.5	25.8	27.1	28.4	29.7	31.0	32.3	33.7	35.0	36.3	37.6	38.9
17	20.8	22.1	23.4	24.7	26.1	27.4	28.7	30.0	31.3	32.6	33.9	35.2	36.5	37.8	39.2
18	21.0	22.3	23.6	24.9	26.3	27.6	28.9	30.2	31.5	32.8	34.1	35.4	36.8	38.2	39.5
19	21.3	22.6	23.9	25.2	26.6	27.9	29.2	30.5	31.8	33.1	34.4	35.7	37.1	38.5	39.8
20	21.6	22.9	24.2	25.5	26.9	28.2	29.5	31.0	32.1	33.4	34.7	36.0	37.4	38.8	40.1
21	21.9	23.3	24.6	25.9	27.2	28.6	29.9	31.2	32.4	33.8	35.1	36.4	37.7	39.1	40.4
22	22.3	23.6	25.0	26.3	27.6	28.9	30.2	31.5	32.8	34.1	35.4	36.8	38.1	39.5	40.8
23	22.6	23.8	25.3	26.6	27.9	29.2	30.5	32.0	33.1	34.4	35.7	37.2	38.5	39.8	41.1
24	22.9	24.2	25.6	26.9	28.3	29.6	30.9	32.2	33.5	34.8	36.1	37.5	38.8	40.1	41.5
25	23.3	24.6	25.9	27.2	28.6	29.9	31.2	32.6	33.9	35.2	36.5	37.8	39.1	40.4	
26	23.7	25.0	26.0	27.6	29.0	30.3	31.6	33.0	34.3	35.6	36.9	38.2	39.5	40.8	
27	24.0	25.3	26.3	28.0	29.3	30.6	31.9	33.3	34.6	36.0	37.3	38.6	39.9	41.2	
28	24.4	25.7	27.0	28.4	29.7	31.0	32.3	33.7	35.1	30.4	37.7	39.0	40.3		
29	24.7	26.1	27.4	28.8	32.1	31.4	32.7	34.0	35.5	36.8	38.1	39.4	40.7		

四、常用换算单位及其换算关系

	法定计量单位 名称	符号	换算关系	非法定计量单位 计算单位	换算关系
长度	米	m	1米=100厘米	市尺	1市尺=1/3米
	分米	dm	1厘米=10毫米	市寸	1市寸=3.33厘米
	厘米	cm	1毫米=1000微米	英寸（吋）	1英寸=2.54厘米
	毫米	mm			
	微米	μm			
	千米（千米）	km			
面积	平方米	m²	1平方米=10000平方厘米 1市亩=666.67平方米 （市制为保留使用单位）		
体积 （容积）	升	L（l）	1立方米=1000升		
	立方米	m³	1升=1000立方厘米		
	毫升	ml	1升=1000毫升		
质量	吨	t	1吨=1000千克	担	1担=50千克

续表

	法定计量单位		换算关系	非法定计量单位	换算关系
	名称	符号		计算单位	
重量	千克（千克）	kg	1 千克＝1 000 克	市斤	1 市斤＝500 克
	克	g	1 克＝1 000 毫克	市两	1 市两＝50 克
	毫克	mg	1 毫克＝1 000 微克	市钱	1 市钱＝5 克
	微克	μg			

179

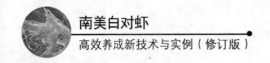

五、国际标准筛绢规格

号数	每英寸网孔数	孔径/微米	号数	每英寸网孔数	孔径/微米
0000	18	1 364	10	100	158
000	23	1 024	11	116	145
00	29	754	12	125	119
0	38	564	13	129	112
1	48	417	14	139	99
2	54	366	15	150	94
3	58	333	16	157	86
4	62	318	17	163	81
5	66	282	18	166	79
6	74	239	19	169	77
7	82	224	20	173	76
8	86	203	21	178	69
9	97	168	22	200	64

六、小知识

①在不同温度下，海水相对密度与盐度计算公式：

水温高于17.5℃时，

$$S = 1\ 305\ （相对密度-1）+ （t-17.5）×0.3；$$

水温低于17.5℃时，

$$S = 1\ 305\ （相对密度-1）+ （17.5-t）×0.2。$$

S 为盐度；t 为水温，单位为℃。

②"目"的意思

1英寸长（约为2.54厘米）距离内网纱孔数。

参考文献

曹建民，滕峰，陈春明. 2002. 微生物制剂在水产业的应用［J］. 科学养鱼，2：53-54.

曹凯德. 2002. 对虾养殖过程中的水质调控［J］. 中国水产，4：58.

陈学豪. 2002. 南美白对虾的营养需求与配合饲料的选用［J］. 中国水产，3：74.

陈一通. 2000. 对虾养殖的水化学管理［J］. 中国水产，4：40.

成强，钱刚仪，丛宁，等. 2001. 水产病害防治常见药害事故原因分析［J］. 科学养鱼，11：38.

仇录曾. 1992. 江苏对虾养殖急待改进的技术问题［J］. 水产养殖，5：23-24.

丁永良. 1992. 增氧机的类型与生物学功能［J］. 中国水产，5：23.

杜国平. 2009. 对虾池塘养殖实用技术要点［J］. 水产前沿，3：072-073.

范明生. 2000. 水产养殖可持续发展的基础［J］. 科学养鱼，9：14.

冯辉. 2000. 水体 pH 值的作用与调节［J］. 中国水产，12：30-31.

耿美慧. 2009. 浅谈微生物制剂在实际应用中的几个问题［J］. 海洋与渔业，4：35.

汉宝. 2002. 微生物饲料添加剂在鱼虾饲料中的应用［J］. 科学养鱼，4：62.

郝波，王辉. 2000. 生物饲料在 21 世纪的前景［J］. 中国水产，7：80.

何进义，包颖，熊家娟. 1997. 微生态学在鱼病防治中的应用［J］. 水产科技情报，24（1）：17-18.

何进义. 2002. 南美白对虾健康养殖技术之二［J］. 日常管理技术，4：51-64.

何义进. 2010. 水产动物零污染排放生态养殖技术（上）［J］. 科学养鱼，1：15.

侯美珍. 2008. 池塘氨氮、亚硝酸盐的成因与调控措施［J］. 水产前沿，5：85.

解承林，王永恩. 1997. 对虾养殖与病害防治［M］. 济南：山东科学出版社：88-200.

金晟. 2000. 水产专用·海水鱼多维在咸淡水鱼类养殖中的应用［J］. 科学养鱼，4：46.

李程琼，林晓彬. 2010. 华南虾苗业观察·粤西、广西篇［J］. 海洋与渔业，9 月上半月版，38.

李生. 2005a. 底质污染对对虾的危害和改良方法［J］. 南海与珠江渔业，3：33-34.

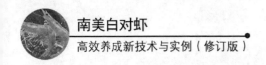
李生. 2005b. 浅谈购买虾苗应注意事项 [J]. 南海与珠江渔业，4：38-39.

李生. 2005c. 放养南美白对虾苗注意事项 [N]. 南方农村报. 养殖宝典，3：38.

李生，黄德平. 2003. 对虾健康养成实用技术 [M]. 北京：海洋出版社：91-92.

李卓佳，张庆，杨华泉. 1998. 有益微生物在虾池中的应用 [J]. 中国水产，4：30-31.

林继辉，庞德彬. 2002. 南美白对虾种质下降原因分析及对策 [J]. 中国水产，3：83.

林文辉. 2003. 看清药物的另一面 [N]. 南方农村报. 养殖宝典，5：35.

林作新. 2002. 南美白对虾桃拉病防治续论 [J]. 科学养鱼，4：41.

刘万顿. 1998. 浅谈增氧机的合理使用 [J]. 中国水产，5：25.

吕华当. 2010. 湛江虾苗行业繁荣的背后 [J]. 海洋与渔业，1月下半月版，23.

罗丹. 2010. 华南虾苗业观察·粤西、广西篇 [J]. 海洋与渔业，4月上半月版，48.

罗明朝. 1997. 水质管理中检测及控制酸碱度的重要性 [J]. 科学养鱼，2：34.

毛善军，常华. 2009. 鱼虾混养模式的探讨 [J]. 海洋与渔业，10：40-41.

闵信爱，等. 2003. 南美白对虾养殖技术 [M]. 北京：金盾出版社：8.

石夫治. 2007. 南美白对虾健康养殖技术（上）[J]. 科学养鱼，6：12.

宋怀龙. 1997. 对预防和控制水产养殖中传染性疾病的关键性问题的认识 [J]. 中国水产，4：23.

宋盛宪，郑石轩. 2001. 南美白对虾健康养殖 [M]. 北京：海洋出版社：122-215.

童合一，王维德，纪成林，等. 1988. 浅海滩涂海产养殖致富指南 [M]. 北京：金盾出版社：71-91.

王广军，谢骏，潘德博，等. 2000. 中草药治疗南美白对虾一例 [J]. 科学养鱼，11：23.

王克行. 2001. 对虾养殖现状及对几个问题的探讨 [J]. 齐鲁渔业，18（1）：8.

王玉堂，孙喜模，丁晓明. 1995. 海水淡水虾类高产养殖技术 [M]. 北京：农村读物出版社：4.

吴锦壳，陈桥根. 2001. 南美白对虾软壳病的防治 [J]. 科学养殖，10：40.

吴琴瑟. 2007. 南美白对虾 12 种病害防治新法 [N]. 南方农村报. 养殖宝典，5：48.

吴琴瑟. 1998. 虾蟹养殖高产技术 [M]. 北京：中国农业出版社：139-142.

闫斌伦，朱明，孙文祥，等. 2004. 微生物制剂在水产养殖中的应用 [J]. 中国水产，6：81.

杨惠木. 2002. 南美白对虾兑淡养殖技术 [J]. 中国水产，2：50.

杨铿，李卓佳，杨莺莺，等. 2008. 对虾养殖水处理专题 [J]. 中国水产，4：50.

于举修. 1987. 用茶籽饼消灭对虾池害鱼的试验 [J]. 齐鲁渔业，2：136.

曾党胜. 2002. 南美白对虾桃拉病与亚硝酸盐的区别 [J]. 科学养鱼，4：40.

张道波，马牲，魏建功. 1998. 海水虾蟹类养殖技术 [M]. 青岛：青岛海洋大学出版社：92-122.

周丽，宫庆礼. 1998. 海水鱼虾蟹贝病害防治技术 [M]. 青岛：青岛海洋大学出版社：3-116.

朱清旭. 2007. 南美白对虾主要疾病及防治技术（上）[J]. 科学养鱼，3：76.